Einführung in Teilgebiete der Informatik II

von

W. Dirlewanger, E. Falkenberg, L. Hieber
P. Roos, H. Rzehak, C. Unger

mit 81 Abbildungen

1974
Walter de Gruyter · Berlin · New York

SAMMLUNG GÖSCHEN 8012

Anschriften der Autoren Band II
„Einführung in Teilgebiete der Informatik"

Dr.-Ing. Werner Dirlewanger
7 Stuttgart-Sillenbuch, Walter-Flex-Straße 60

Dipl.-Ing. Eckhard Falkenberg
7 Stuttgart-80, Pfaffenwaldring 54

Dr. Ludwig Hieber
7 Stuttgart-Möhringen, Mühlhaldenstraße 12

Prof. Dr. Paul Roos
7 Stuttgart-Botnang, Donizetti-Straße 2

Dr. Helmut Rzehak
7 Stuttgart-Hedelfingen, Ruiter Straße 3

Dr. Claus Unger
7 Stuttgart-Botnang, Umgelter Weg 11

ISBN 3 11 004042 5

Vorwort

Der vorliegende Band II soll eine Einführung in weitere Teilgebiete der Informatik vermitteln. Die Zielsetzung des Bandes I wird damit abgerundet.
Auch der Band II besteht aus weitgehend unabhängigen Beiträgen, die auch einzeln gelesen werden können. Sie sollen jeweils eine Einführung geben und die Problematik aufzeigen. Der Stoff ist so dargestellt, daß zu seinem Verständnis nur elementare Vorkenntnisse in Mathematik und Elektrotechnik erforderlich sind. Für weitergehende Vertiefungen sind am Ende jedes Kapitels Literaturangaben aufgeführt.
Bei der Auswahl der Beiträge stand der Gedanke im Vordergrund, einerseits die wichtigsten Teilgebiete aus dem Gesamtgebiet der Informatik anzusprechen, andererseits auf Themen zu verzichten, deren Problemstellungen nur nach umfangreichem Grundlagenstudium erfaßt werden können. Im übrigen überwiegen Beiträge, die den Computer selbst und weniger seine Einsatzmöglichkeiten zum Thema haben.

Im Herbst 1973 Die Autoren

Inhalt

1. Das Entwerfen von Netzwerken

Von Claus Unger

1.1 Übersicht

Etliche Problemstellungen im Bereich der Informationsverarbeitung (etwa der Entwurf von Rechenwerken, Codeumsetzern, Zählern, Registern usw.) lassen sich auf die folgende abstrakte Problemstellung zurückführen:

Abb. 1–1. Allgemeines Netzwerk

Gesucht wird ein i. a. elektronisches *Netzwerk* mit m Eingängen $x_1, \ldots, x_i, \ldots, x_m$ und n Ausgängen $z_1, \ldots, z_j, \ldots, z_n$. Eingänge und Ausgänge können lediglich zwei Werte annehmen, die im folgenden mit 0 und 1 bezeichnet seien. In der Realisierung kann der Wert 0 etwa „es fließt kein Strom" oder „niedriges Potential", der Wert 1 etwa „es fließt ein Strom" oder „hohes Potential" bedeuten.

Sind zu einem beliebigen Zeitpunkt t die Werte der Ausgänge z_j nur abhängig von den Werten der Eingänge x_i zum selben Zeitpunkt t, so spricht man speziell von einem *kombinatorischen Netzwerk* oder *Schaltnetz.*

Die gewünschte Funktion des Netzwerks kann in diesem Fall beschrieben werden durch Angabe der Werte der Ausgänge z_j in Abhängigkeit von den aktuellen Werten der Eingänge x_i:

$$z_j = f_j (x_1, x_2, \ldots, x_m) \; ; \qquad j = 1 \ldots n \tag{1}$$

Sind die z_j dagegen zusätzlich abhängig von der „Vorgeschichte“ der x_i, also von Werten, die die Eingänge zu gewissen früheren Zeiten τ_k besessen haben, so spricht man von einem *sequentiellen Netzwerk* oder *Schaltwerk*. Der Gleichung (1) entspricht in diesem Fall eine Gleichung der Form

$$z_j^t = f_j (x_1^{\tau_1}, x_1^{\tau_2}, \ldots, x_1^t, \ldots, x_i^{\tau_1}, x_i^{\tau_2}, \ldots, x_i^t, \ldots, x_m^t) \tag{2}$$

mit $\tau_k < t; j = 1 \ldots n$

Zur Beschreibung der Zusammenhänge (1) bzw. (2) bedient man sich der Methoden der *Schaltalgebra*.

Aufgabe dieses einführenden Kapitels kann es nicht sein, einen axiomatischen Aufbau sowie eine systematische und genaue Begründung der Entwurfsmethoden zu liefern. Der Leser soll vielmehr in die grundlegenden Gedanken eingeführt werden und einen Überblick über die Lösungsansätze erhalten. Ferner wird nicht auf Einzelheiten der technischen Realisierung von Netzwerken eingegangen; die Lösung wird mit Hilfe einiger weniger Typen logischer Bausteine angegeben, deren physikalische Realisierung i. a. keine grundsätzlichen Schwierigkeiten bereitet.

1.2 Kombinatorische Netzwerke

1.2.1 Schaltfunktionen

Die Werte der Eingänge und Ausgänge eines Netzwerks werden mit Hilfe von Eingangs- bzw. Ausgangs-*Schaltvariablen* beschrieben. Diese sind dadurch gekennzeichnet, daß sie nur zwei Werte, in unserer Schreibweise 0 und 1, annehmen können. Eine Funktion mehrerer – unabhängiger – Schaltvariablen, etwa f_j in (1) heißt eine *Schaltfunktion*. Sie kann ebenfalls zur Definition einer – abhängigen – Schaltvariablen, etwa z_j in (1) benutzt werden. Da der Wertebereich einer Schaltvariablen nur zwei Werte enthält, lassen sich mit Hilfe einer Schaltvariablen x nur vier Schaltfunktionen f (x) definieren, die in Tabelle 1–1 in Form von *Wertetafeln* angegeben sind.

Tab. 1–1. Schaltfunktionen einer Schaltvariablen

	x = 0	x = 1	Bezeichnung	Abkürzung
f (x)	0	0	Nullfunktion	0
	0	1	Identität	x
	1	0	Negation	$\bar{x}$
	1	1	Einsfunktion	1

Analog lassen sich für zwei Schaltvariablen x_1 und x_2 16 Schaltfunktionen $f(x_1, x_2)$ angeben, Tabelle 1–2 zeigt eine Auswahl der wichtigsten. Wiederum beinhaltet jede Zeile dieser Tabelle eine Wertetafel für die zu definierende Funktion $f(x_1, x_2)$.

Tab. 1–2. Einige Schaltfunktionen zweier Schaltvariablen

	x_1x_2 = 00	01	10	11	Bezeichnung	Abkürzung
$f(x_1, x_2)$	0	0	0	1	Konjunktion (AND)	$x_1 \wedge x_2$
	0	1	1	1	Disjunktion (OR)	$x_1 \vee x_2$
	1	0	0	0	Peirce-Funktion (NOR)	$x_1 \bar{\vee} x_2$
	1	1	1	0	Shefferstrich (NAND)	$x_1 \bar{\wedge} x_2$
	1	0	0	1	Äquivalenz	$x_1 \equiv x_2$

Für die Verknüpfung mehrerer Schaltfunktionen gelten die folgenden Rechenregeln, die sich leicht etwa dadurch beweisen lassen, daß die Gleichheit für alle infrage kommenden Wertekombinationen der beteiligten Schaltfunktionen nachgewiesen wird.

$$f \wedge f = f \quad ; \quad f \mathrm{X} f = f \tag{3}$$

$$f \mathrm{X} g = g \wedge f \quad ; \quad f \vee g = g \vee f \tag{4}$$

$$(f \wedge g) \wedge h = f \wedge (g \wedge h) \quad ; \quad (f \vee g) \vee h = f \vee (g \vee h) \tag{5}$$
(Assoziativgesetze)

$$f \wedge (g \vee h) = (f \wedge g) \vee (f \wedge h) \quad ; \quad f \vee (g \wedge h) = (f \vee g) \wedge (f \vee h) \tag{6}$$
(Distributivgesetze)

$f \wedge (f \vee g) = f \quad ; \quad f \vee (f \wedge g) = f$ (7)
(Absorptionsgesetze)

$\overline{(f \wedge g)} = \overline{f} \vee \overline{g} \quad ; \quad \overline{(f \vee g)} = \overline{f} \wedge \overline{g}$ (8)
(De Morgansche Gesetze)

ferner gilt

$\overline{(\overline{f})} = f$ (9)

$f \wedge \overline{f} = 0 \quad ; \quad f \vee \overline{f} = 1$ (10)

$0 \wedge f = 0 \quad ; \quad 0 \vee f = f$ (11)

$1 \wedge f = f \quad ; \quad 1 \vee f = 1$ (12)

Mit Hilfe der Assoziativgesetze (5) erhalten insbesondere die verkürzten Schreibweisen

$f \wedge g \wedge h$ und allgemein $f_1 \wedge f_2 \wedge f_3 \wedge \ldots \wedge f_n$

sowie

$f \vee g \vee h$ und allgemein $f_1 \vee f_2 \vee f_3 \vee \ldots \vee f_n$

einen Sinn.

Allgemein lassen sich über n Schaltvariablen $2^{(2^n)}$ Schaltfunktionen definieren, etwa durch Angabe der zugehörigen Wertetafeln (siehe Tab. 1–3).

Tab. 1–3. Definition einer Schaltfunktion über drei Schaltvariablen mit Hilfe einer Wertetafel

x_1	x_2	x_3	entsprechender Minterm	$f(x_1, x_2, x_3)$
0	0	0	$\overline{x}_1 \wedge \overline{x}_2 \wedge \overline{x}_3$	0
0	0	1	$\overline{x}_1 \wedge \overline{x}_2 \wedge x_3$	1
0	1	0	$\overline{x}_1 \wedge x_2 \wedge \overline{x}_3$	0
0	1	1	$\overline{x}_1 \wedge x_2 \wedge x_3$	1
1	0	0	$x_1 \wedge \overline{x}_2 \wedge \overline{x}_3$	0
1	0	1	$x_1 \wedge \overline{x}_2 \wedge x_3$	1
1	1	0	$x_1 \wedge x_2 \wedge \overline{x}_3$	0
1	1	1	$x_1 \wedge x_2 \wedge x_3$	1

Wichtig für den Umgang mit Schaltfunktionen und ihre Reaklisierung ist die Tatsache, daß sich jede Schaltfunktion über n Schaltvariablen darstellen läßt mit Hilfe von Schaltfunktionen über einer bzw. zwei Schaltvariablen. Es gilt das

Normalform-Theorem von Boole:

Eine Schaltfunktion von n Variablen läßt sich mit Hilfe von Negation, Disjunktion und Konjunktion darstellen in der *disjunktiven Normalform*

$$\begin{aligned} f(x_1, x_2, \ldots, x_n) = &(\bar{x}_1 \wedge \bar{x}_2 \wedge \ldots \wedge \bar{x}_n \wedge f(0, 0, \ldots 0)) \\ &\vee (x_1 \wedge \bar{x}_2 \wedge \ldots \wedge \bar{x}_n \wedge f(1, 0, \ldots 0)) \\ &\ldots\ldots \\ &\ldots\ldots \\ &\vee (x_1 \wedge x_2 \wedge \ldots \wedge x_n \wedge f(1, 1, \ldots 1)) \end{aligned} \qquad (13)$$

Bezeichnet man eine konjunktive Verknüpfung aller Schaltvariablen als *Minterm,* so läßt sich also eine jede Schaltfunktion darstellen als Disjunktion derjenigen Minterme, deren zugeordnete Funktionswerte in der Wertetafel den Wert 1 besitzen.

Die Schaltfunktion aus Tabelle 1–3 erhält damit die Form

$$\begin{aligned} f(x_1, x_2, x_3) = &(\bar{x}_1 \wedge \bar{x}_2 \wedge x_3) \vee (\bar{x}_1 \wedge x_2 \wedge x_3) \vee (x_1 \wedge \bar{x}_2 \wedge x_3) \\ &\vee (x_1 \wedge x_2 \wedge x_3) \end{aligned} \qquad (14)$$

Vereinbart man die – willkürliche – Vorrangregel '$\wedge$ vor $\vee$', so erhält (14) die Form

$$\begin{aligned} z = f(x_1, x_2, x_3) = &\bar{x}_1 \wedge \bar{x}_2 \wedge x_3 \vee \bar{x}_1 \wedge x_2 \wedge x_3 \vee x_1 \wedge \bar{x}_2 \wedge x_3 \\ &\vee x_1 \wedge x_2 \wedge x_3 \end{aligned} \qquad (15)$$

Neben dem Boole'schen Theorem liefern weitere Theoreme Möglichkeiten, komplizierte Schaltfunktionen durch einfachere darzustellen. Für die Realisierung von Netzwerken mit Hilfe von Transistor-Schaltungen ist z. B. die Tatsache wichtig, daß sich jede Schaltfunktion allein durch NAND- oder NOR-Funktionen darstellen läßt. Tabelle 1–4 enthält Negation, Disjunktion und Konjunktion in NAND- bzw. NOR-Schreibweise.

Ordnet man den – auf den Fall von n Variablen verallgemeinerten – Disjunktionen bzw. Konjunktionen die folgenden Sinnbilder zu und beschreibt man die Negation einer Schaltfunktion durch einen Punkt auf dem betreffenden Eingang bzw. Ausgang, so läßt sich (15) darstellen durch den folgenden *symbolischen Schaltplan*

$$z = x_1 \vee x_2 \vee \cdots\cdots \vee x_n \;\hat{=}$$

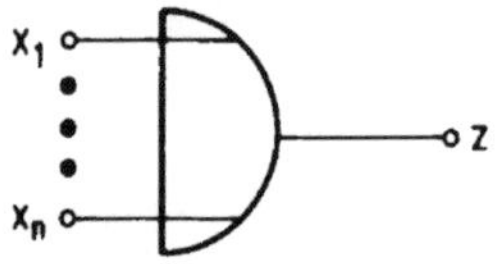

$$z = x_1 \wedge x_2 \wedge \cdots\cdots \wedge x_n \;\hat{=}$$

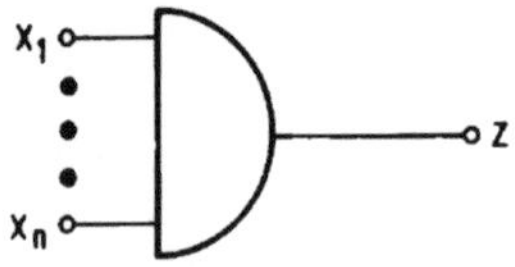

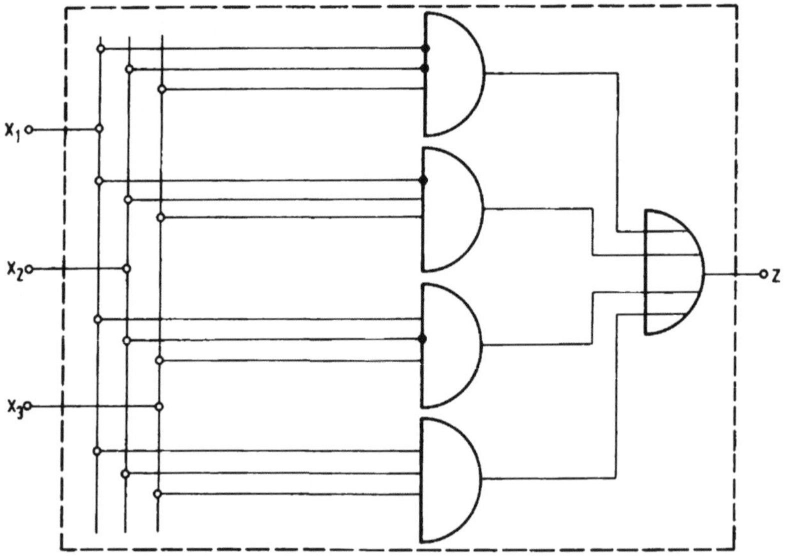

Abb. 1–2. Symbolischer Schaltplan zu (15).

Den in einem derartigen Schaltplan enthaltenen logischen Grundbausteinen entsprechen bei der Realisierung sogenannte *Gatter*.

Tab. 1–4. NOT, AND und OR in NAND- bzw. NOR-Schreibweise

$f(x_1, x_2)$	NAND-Schreibweise	NOR-Schreibweise
$\bar{x}_1$	$x_1 \barwedge x_1$	$x_1 \veebar x_2$
$x_1 \vee x_2$	$(x_1 \barwedge x_1) \barwedge (x_2 \barwedge x_2)$	$(x_1 \veebar x_2) \veebar (x_1 \veebar x_2)$
$x_1 \wedge x_2$	$(x_1 \barwedge x_2) \barwedge (x_1 \barwedge x_2)$	$(x_1 \veebar x_1) \veebar (x_2 \veebar x_2)$

1.2.2 Vereinfachung von Schaltfunktionen

Das Boole'sche Theorem gestattet es, Schaltfunktionen in übersichtlicher und eindeutiger Form darzustellen. Es ist jedoch nicht gewährleistet, daß die so erhaltene Schaltfunktion die optimale Lösung des Problems darstellt. Dabei soll als optimal bezüglich eines vorgegebenen Problems die Schaltfunktion bezeichnet werden, die die wenigsten Verknüpfungen enthält. Weitergehende Ansätze könnten etwa die unterschiedlichen Kosten for NOT-, AND-, bzw. OR-Gatter berücksichtigen.

Methoden zur Vereinfachung vorgegebener Schaltfunktionen beruhen im wesentlichen auf dem systematischen Anwenden der Rechenregeln (3)–(12). Wendet man auf die Schaltfunktion (15) die Regel $g \wedge (h \vee \bar{h}) = g$ an, so kann f wie folgt vereinfacht werden:

$$
\begin{aligned}
f &= \bar{x}_1 \wedge \bar{x}_2 \wedge x_3 \vee \bar{x}_1 \wedge x_2 \wedge x_3 \vee x_1 \wedge \bar{x}_2 \wedge x_3 \vee x_1 \wedge x_2 \wedge x_3 \\
&= \bar{x}_2 \wedge x_3 \wedge (\bar{x}_1 \vee x_1) \vee x_2 \wedge x_3 \wedge (x_1 \vee \bar{x}_1) \\
&= \bar{x}_2 \wedge x_3 \vee x_2 \wedge x_3 \\
&= x_3 \wedge (\bar{x}_2 \vee x_2) \\
&= x_3
\end{aligned}
$$

1.2.3 Schaltnetze

Ein Schaltnetz mit m Eingängen und n Ausgängen (siehe Abb. 1–1) wird beschrieben durch ein *Bündel* von n Schaltfunktionen.

$$
\begin{aligned}
z_1 &= f_1(x_1, x_2, \ldots, x_m)\\
&\ldots\ldots\\
&\ldots\ldots\\
&\ldots\ldots\\
z_n &= f_n(x_1, x_2, \ldots, x_m)
\end{aligned}
\tag{17}
$$

Da sich über m Schaltvariablen ‚nur' $2^{(2^m)}$ unterschiedliche Schaltfunktionen definieren lassen, lassen sich insgesamt ‚nur' $(2^{(2^m)})^n$ strukturell unterschiedliche Schaltnetze mit m Eingängen und n Ausgängen definieren. (Für $m = 3$, $n = 2$ ergeben sich bereits 65 536 mögliche Schaltnetze.) Analog zu den in Abschnitt 1.2.2 erwähnten Verfahren existieren Verfahren zum Vereinfachen von Bündeln von Schaltfunktionen. Neben den früher bereits genannten Gesichtspunkten wird man vor allem darauf achten, in den verschiedenen Schaltfunktionen gemeinsame Funktionsteile zu erkennen und nur je einmal zu verwirklichen (siehe auch (20) und Abbildung 1–10).

1.2.4 Ein Beispiel

Als Beispiel für ein einfaches Schaltnetz wird im folgenden ein *Halbaddierer* entworfen, der zwei Binärstellen x_1 und x_2 addiert und das Ergebnis an den Ausgängen z_1, z_2 bereitstellt. Die Schaltfunktionen für z_1 und z_2 ergeben sich aus der folgenden Wertetafel:

Tab. 1–5. Wertetafel

x_1	x_2	entsprechender Minterm	z_1	z_2
0	0	$\bar{x}_1 \wedge \bar{x}_2$	0	0
0	1	$\bar{x}_1 \wedge x_2$	0	1
1	0	$x_1 \wedge \bar{x}_2$	0	1
1	1	$x_1 \wedge x_2$	1	0

Man erhält somit die Schaltfunktionen

$$z_1 = x_1 \wedge x_2$$

$$z_2 = \bar{x}_1 \wedge x_2 \vee x_1 \wedge \bar{x}_2$$

und damit den symbolischen Schaltplan

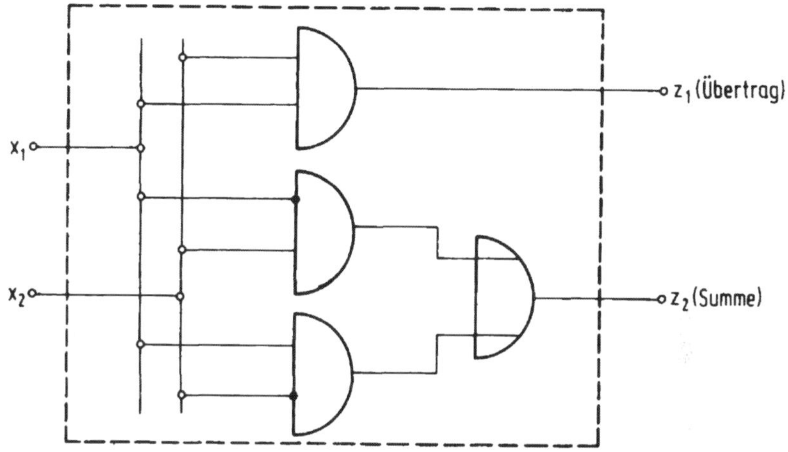

Abb. 1–3. Halbaddierer

1.2.5 Der allgemeine Fall

Einem in disjunktiver Normalform vorgegebenen Bündel von Schaltfunktionen entspricht allgemein ein zweistufiges Schaltnetz (Abb. 1–4).

Die erste Stufe besteht aus AND-Gattern, auf die die Eingänge des Netzes geführt werden; die Ausgänge dieser AND-Gatter stellen die in den Schaltfunktionen geforderten Minterme bereit, die ihrerseits in der aus OR-Gattern bestehenden zweiten Stufe konjunktiv verknüpft werden. Die Ausgänge dieser OR-Gatter sind die Ausgänge des Schaltnetzes.

1.3 Sequentielle Netzwerke (Schaltwerke)

1.3.1 Erweiterung des Modells

Die bisher betrachteten Schaltnetze zeichnen sich dadurch aus, daß die Werte der Ausgangsvariablen z_j zu einem Zeitpunkt lediglich von den Werten der Eingangsvariablen x_i zu demselben Zeitpunkt t

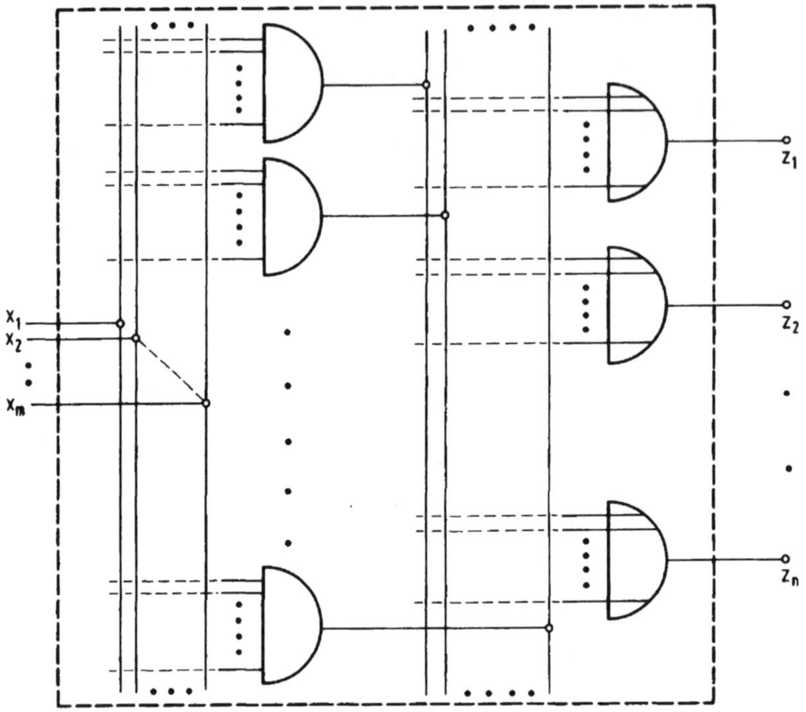

Abb. 1–4. Allgemeines kombinatorisches Netzwerk

abhängen. Einer bestimmten Wertekombination der Eingangsvariablen ist also zu jedem Zeitpunkt in eindeutiger Weise eine Wertekombination der Ausgangsvariablen zugeordnet. Diese Tatsache spiegelt sich auch in der Struktur des allgemeinen Schaltnetzes (Abb. 1–4) wider.

Die folgende Aufgabe ist mit Hilfe eines derartigen Schaltnetzes nicht mehr lösbar:

> ‚Man entwerfe ein Netzwerk mit einem Eingang und einem Ausgang, das jeden zweiten Impuls am Eingang auf den Ausgang überträgt'.

Abbildung 1–5 zeigt die gewünschte Wirkungsweise des Netzwerkes, das als modulo 2-Zähler interpretiert werden kann.

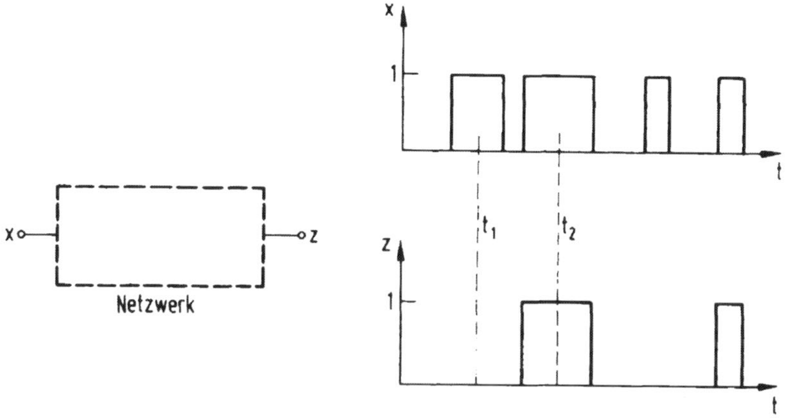

Abb. 1–5. Wirkungsweise eines modulo 2-Zählers

Offenbar besteht keine eindeutige, zeitunabhängige Zuordnung zwischen den Werten von x und z. Während zum Zeitpunkt t_1 dem Wert x = 1 der Wert z = 0 entspricht, wird zum Zeitpunkt t_2 demselben Wert der Variablen x der Wert z = 1 zugeordnet. Der Wert von z ist also abhängig von der Vorgeschichte des Netzwerkes. Man erweitert das in Abbildung 1–4 beschriebene Modell eines Schaltnetzes nun um ein *Gedächtnis*, das die Aufgabe hat, mit Hilfe *interner Schaltvariablen* die für die Zukunft relevante Information aus der Vorgeschichte des Netzwerkes zu speichern.

Analog zu Schaltnetzen besteht bei den so erhaltenen Schaltwerken oder sequentiellen Netzwerken eine eindeutig zeitunabhängige Zuordnung zwischen den Werten des Gedächtnisses und der Eingangsvariablen einerseits und den Werten der Ausgangsvariablen andererseits, die wiederum durch ein Schaltnetz realisiert werden kann. Abbildung 1–6 zeigt im einzelnen das gegenüber Abbildung 1–4 erweiterte Modell eines Schaltwerkes.

Die unterschiedliche Schreibweise Y_l und y_l soll den alten Wert des Gedächtnisses vom neuen Wert unterscheiden. Die Werte der – externen – Eingangsvariablen x_i sowie der – internen – Eingangsvariablen y_l kennzeichnen zusammen den *Zustand* des Schaltwerkes zu einem beliebigen Zeitpunkt.

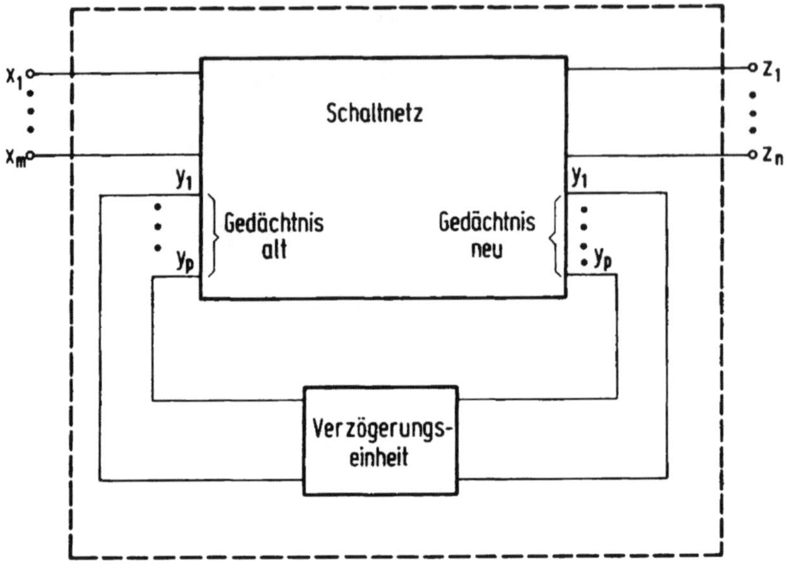

Abb. 1–6. Modell eines Schaltwerkes

Die Wirkungsweise des Modells 1–6 kann wie folgt beschrieben werden: Bei einer Änderung der Eingangsvariablen x_i bzw. y_l ändern sich i. a. die Ausgangsvariablen z_j bzw. Y_l. Die Werte Y_l werden verzögert auf die internen Eingänge des Schaltnetzes geschaltet und können ihrerseits, auch ohne daß sich die Eingangsvariablen x_i ändern, weitere Zustandsänderungen des Netzwerkes verursachen.

Da sich die Werte der Y_l von denen der y_l im allgemeinen unterscheiden, muß auch im Modell eine – beliebig kleine – Verzögerung vorgesehen werden, um an den internen Eingängen eindeutige Werte zu garantieren. Auf die Verzögerungen in realen Netzwerken wird in Abschnitt 1.3.4 kurz eingegangen.

Für die weiteren Überlegungen wird vorausgesetzt, daß eine Änderung einer Eingangsvariablen x_i jeweils erst dann eintritt, wenn sich die internen Schaltvariablen nicht mehr ändern.

Man setzt also voraus, daß sich das Netzwerk vor Änderung der Eingangsvariablen x_i jeweils in einem stabilen Zustand befindet, daß also gilt:

$$y_l = Y_l \quad , \quad l = 1, 2, \ldots p \tag{18}$$

Zur Beschreibung der gewünschten Wirkungsweise eines Schaltwerkes genügt es anzugeben, mit welchem nächsten Zustand das Netzwerk auf einen beliebigen gegenwärtigen Zustand bei Änderung einer externen oder internen Eingangsvariablen reagiert. Diese Beschreibung erfolgt beispielsweise mit Hilfe einer *Zustandstabelle*.

Im folgenden wird anhand der oben gestellten Aufgaben exemplarisch der Entwurf eines Schaltwerkes durchgeführt.

1.3.2 Die Zustandstabelle und ihre Codierung

Zur Lösung der Aufgabe 1–1 wird das Gedächtnis eingesetzt, um die Anzahl der Änderungen der Eingangsvariablen x seit Übertragen des letzten Impulses mitzuzählen. Abbildung 1–7 zeigt zusätz-

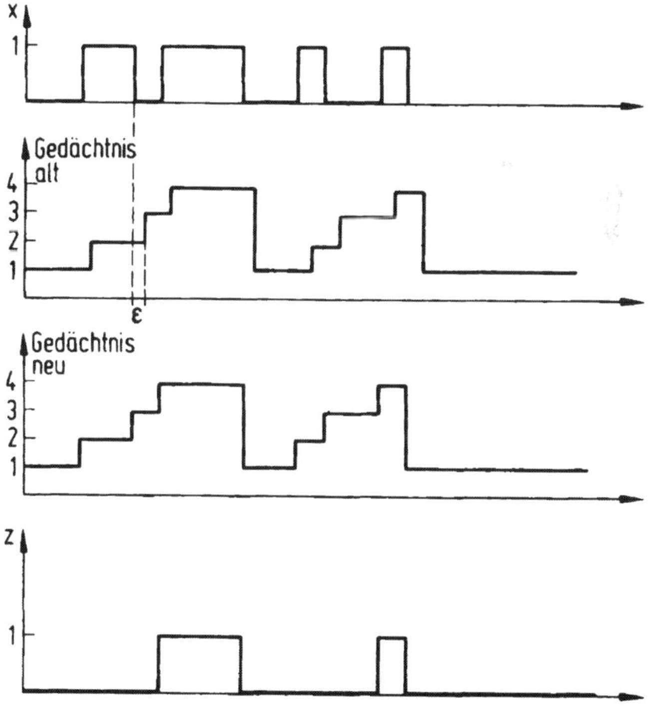

Abb. 1–7. modulo 2-Zähler mit internem Gedächtnis

lich zu Abbildung 1–5 die Werte des Gedächtnisses in Abhängigkeit von x. Dabei wird vorausgesetzt, daß der neue Wert des Gedächtnisses jeweils nach der Zeitspanne ϵ am Eingang zur Verfügung steht.

Die in Abbildung 1–7 angegebene Wirkungsweise des Zählers läßt sich auch mit Hilfe einer Zustandstabelle darstellen (Abb. 1–8).

Gedächtnis alt (interne Eingangsvariable)	x = 0	x = 1	x = 0	x = 1
1	①	2	0	0
2	3	②	0	0
3	③	4	0	1
4	1	④	0	1
	Gedächtnis neu (interne Ausgangsvariablen)		z	

Abb. 1–8. Zustandstabelle zur Aufgabe 1–1.

Der mittlere Teil der Zustandstabelle, der *Verweisteil,* gibt jeweils den Folgezustand des Netzwerks in Abhängigkeit von den Werten der externen Eingangsvariablen x und des Gedächtnisses an; der rechte Teil, der *Ausgabeteil,* definiert den Wert der Ausgabevariablen z wiederum in Abhängigkeit von den Werten des Gedächtnisses und der Variablen x.

Zeile 3 ist etwa wie folgt zu interpretieren:

> „Besitzt das Gedächtnis den Wert 3 und nimmt x den Wert 1 an, so soll das Gedächtnis den Wert 4 annehmen und gleichzeitig die Ausgabevariable z ihren Wert von 0 auf 1 ändern".

Zur *Codierung* der möglichen Werte des Gedächtnisses stehen wiederum nur Schaltvariablen y_i zur Verfügung. Da das Gedächtnis 4 verschiedene Werte annehmen kann, werden 2 Schaltvariablen y_1 und y_2 zur Codierung benötigt.

Eine mögliche Zuordnung der Werte dieser Schaltvariablen zu den Werten des Gedächtnisses liefert die folgende Tabelle:

Wert des Gedächtnisses	Werte von y_1	y_2
1	0	0
2	0	1
3	1	1
4	1	0

Es gibt insgesamt 24 Möglichkeiten, die Werte des Gedächtnisses zu codieren. Die oben angegebene Zuordnung besitzt die Eigenschaft, daß sich bei jedem aufgrund der Zustandstabelle 1–8 möglichen Übergang nur jeweils eine interne Schaltvariable ändert.

Führt man die oben angegebenen Codierungen in die Zustandstabelle 1–8 ein, so erhält diese die in Abb. 1–9 angegebene Form.

		x				x	
y_1	y_2	0		1		0	1
0	0	0	0	0	1	0	0
0	1	1	1	0	1	0	0
1	1	1	1	1	0	0	1
1	0	0	0	1	0	0	1
		Y_1		Y_2		z	

Abb. 1–9. Codierte Zustandstabelle zu Aufgabe 1–1.

1.3.3 Von der Zustandstabelle zum symbolischen Schaltplan

Aus der codierten Zustandstabelle (Abb. 1–9) erhält man direkt die Schaltfunktionen für z, Y_1 und Y_2:

$$Y_1 = \overline{x} \wedge \overline{y}_1 \wedge y_2 \vee \overline{x} \wedge y_1 \wedge y_2 \vee x \wedge y_1 \wedge y_2 \vee x \wedge y_1 \wedge \overline{y}_2$$

$$Y_2 = \overline{x} \wedge \overline{y}_1 \wedge y_2 \vee \overline{x} \wedge y_1 \wedge y_2 \vee x \wedge \overline{y}_1 \wedge \overline{y}_2 \vee x \wedge \overline{y}_1 \wedge y_2$$

$$z = x \wedge y_1 \wedge y_2 \vee x \wedge y_1 \wedge \overline{y}_2 \qquad (19)$$

Diese lassen sich wie folgt vereinfachen:

$$Y_1 = \overline{x} \wedge y_2 \vee x \wedge y_1$$

$$Y_2 = \overline{x} \wedge y_2 \vee x \wedge \overline{y}_1 \qquad (20)$$

$$z = x \wedge y_1$$

Man wird die Konjunktionen $\overline{x}_1 \wedge y_2$ und $x_1 \wedge y_1$ nur einmal realisieren und erhält den symbolischen Schaltplan

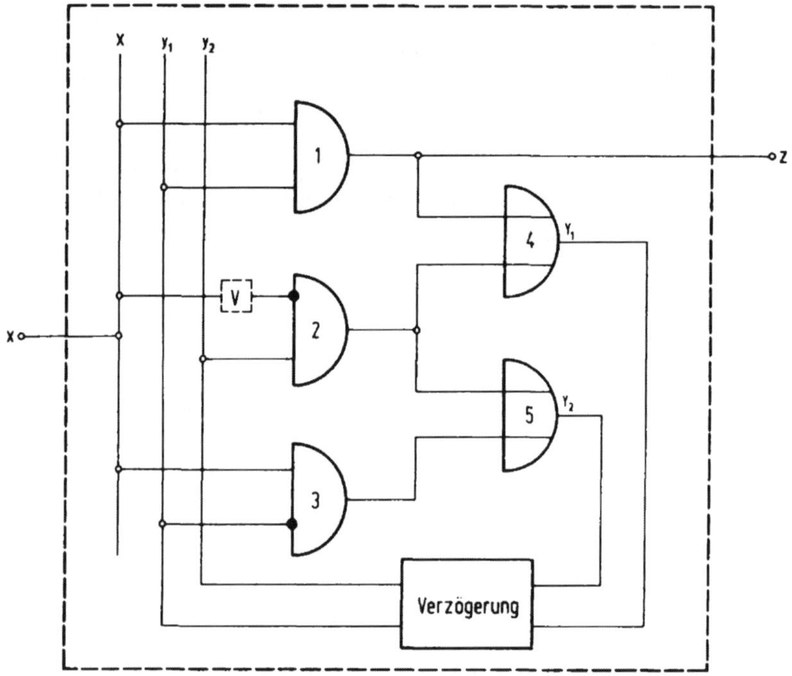

Abb. 1–10. Symbolischer Schaltplan zu Aufgabe 1–1.

1.3.4 Schwierigkeiten bei der physikalischen Realisierung von Schaltwerken

Das bisherige Vorgehen beim Entwurf von Schaltwerken beruhte auf zwei wesentlichen Voraussetzungen, die sich in der Struktur des Modells Abb. 1–6 widerspiegeln:

- Das enthaltene Schaltnetz schaltet verzögerungsfrei.
- Alle internen Schaltvariablen werden um dieselbe Zeitspanne verzögert auf die Eingänge des Schaltnetzes zurückgeschaltet.

Beide Voraussetzungen lassen sich mit physikalischen Bauelementen nicht erfüllen, da z. B. jedes Gatter und jede Leitung individuelle Verzögerungen besitzt. Selbstverständlich bewirken nicht alle Verzögerungen automatisch ein Fehlverhalten des Netzwerkes; viele Fehler lassen sich durch eine geeignete Wahl der Codierung oder durch das Einfügen redundanter Gatter vermeiden.

Anhand der Aufgabe 1–1 soll wiederum exemplarisch gezeigt werden, wie das Auftreten einer einzigen individuellen Verzögerung zu einem Fehlverhalten des Netzwerkes führen kann. Dazu wird angenommen, daß die Negation des Eingangssignals das Gatter 2 mit einer Verzögerung v erreicht. Die Verzögerung im Rückkopplungszweig habe konstant den Wert 1. Beide Verzögerungen sind ebenfalls in Abb. 1–10 eingetragen.

Die Abbildungen 1–11 bis 1–13 zeigen das Verhalten des Netzwerkes 1–10 bei einem Wechsel des Eingangssignals von x = 0 auf x = 1 für den idealisierten Fall v = 0 und für die Fälle v = 1.5 und v = 2.5.

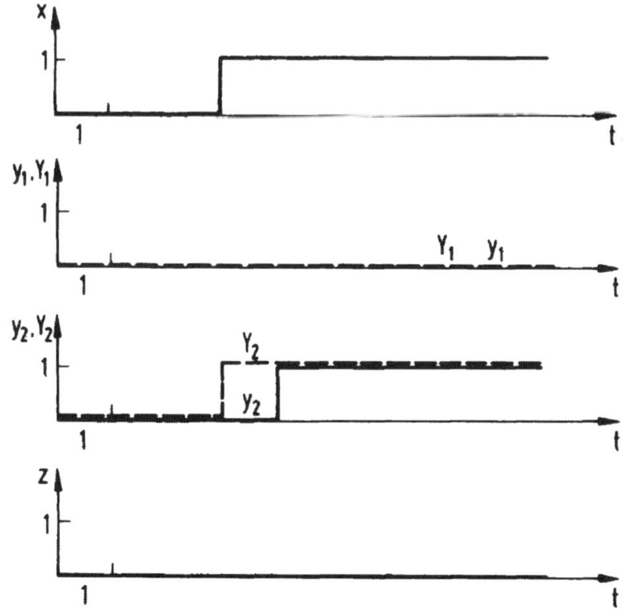

Abb. 1–11. Verhalten des Netzwerkes 1–10 für v = 0.

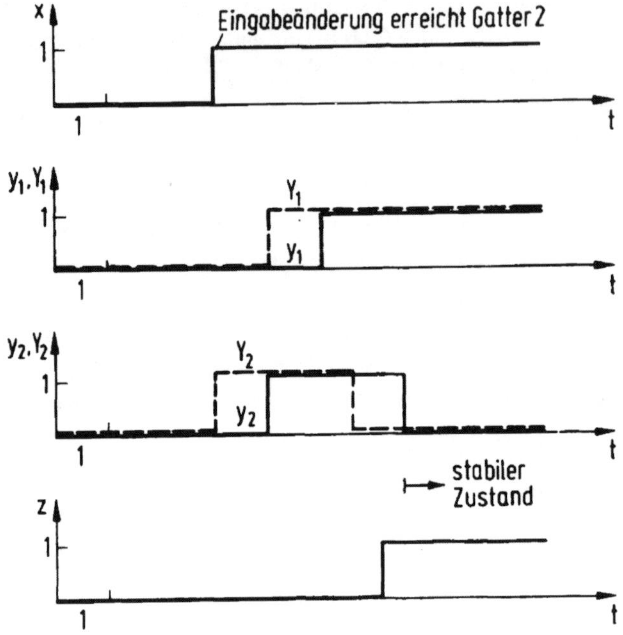

Abb. 1–12. Fehlverhalten des Netzwerkes 1–10 für v = 2.5.

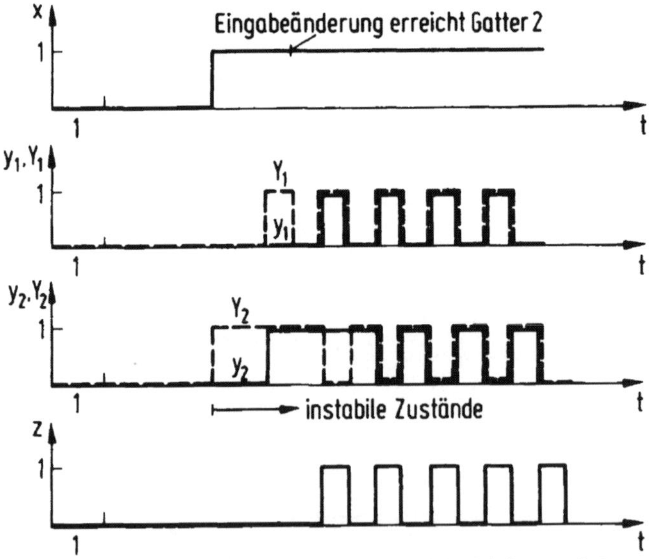

Abb. 1–13. Fehlverhalten des Netzwerkes 1–10 für v = 1.5.

Im Falle v = 2.5 bewirkt die Verzögerung v, daß Y_1 über die Gatter 2 und 4 solange das Signal 1 erhält, bis y_1 selbst ein Öffnen des Gatters 1 bewirkt. Das Netzwerk läuft in den in Abb. 1–8 durch „4" gekennzeichneten Zustand, die Ausgabevariable z nimmt demzufolge fälschlich den Wert 1 an.

Im Falle v = 1.5 durchläuft das Netzwerk eine Folge instabiler Zustände, ohne einen stabilen Endzustand zu erreichen. Die Ausgabevariable z zeigt ebenfalls instabiles Verhalten.

1.3.5 Synchrone sequentielle Netzwerke

Bisher wurden *asynchrone* Schaltwerke betrachtet, die sich dadurch auszeichnen, daß sämtliche Änderungen interner Schaltvariablen unkoordiniert (asynchron) den Eingängen des kombinatorischen Schaltnetzes zugeführt werden. Dies gewährleistet zwar eine maximale Reaktionsgeschwindigkeit des Schaltwerkes, kann aber andererseits zu den in 1.3.4 geschilderten Fehlverhalten führen. Die Grundidee *synchroner* Schaltwerke beruht darin, die Werte der internen Schaltvariablen Y_l zu sammeln und erst dann auf die Eingänge des kombinatorischen Netzwerkes zu geben, wenn sie ihre endgültigen Werte angenommen haben. An die Stelle des Verzögerungsgliedes tritt ein *taktgesteuerter Speicher*, wobei der Takt i. a. periodisch verläuft (Abb. 1–14).

Während des Taktes T = 1 nimmt der Speicher die anstehenden Werte der internen Schaltvariablen Y_l auf und gibt sie nach einer Verzögerungszeit ϵ, die größer sein muß als δ, auf die Eingänge y_l des kombinatorischen Netzwerks.

In der Praxis verwendet man *genormte Speicherelemente*, die neben der reinen Speicherfunktion selbst kleine asynchrone sequentielle Netzwerke enthalten; diese können einen Teil der Aufgaben des eigentlichen kombinatorischen Netzwerks (Abb. 1–14) übernehmen.

Im folgenden werde kurz ein sogenanntes *IK-Speicherelement* beschrieben und zur Lösung der Aufgabe 1–1 herangezogen.

Das Speicherelement besitzt zwei Eingänge und zwei Ausgänge, wobei die Ausgänge jeweils komplementäre Werte besitzen (Abb. 1–15).

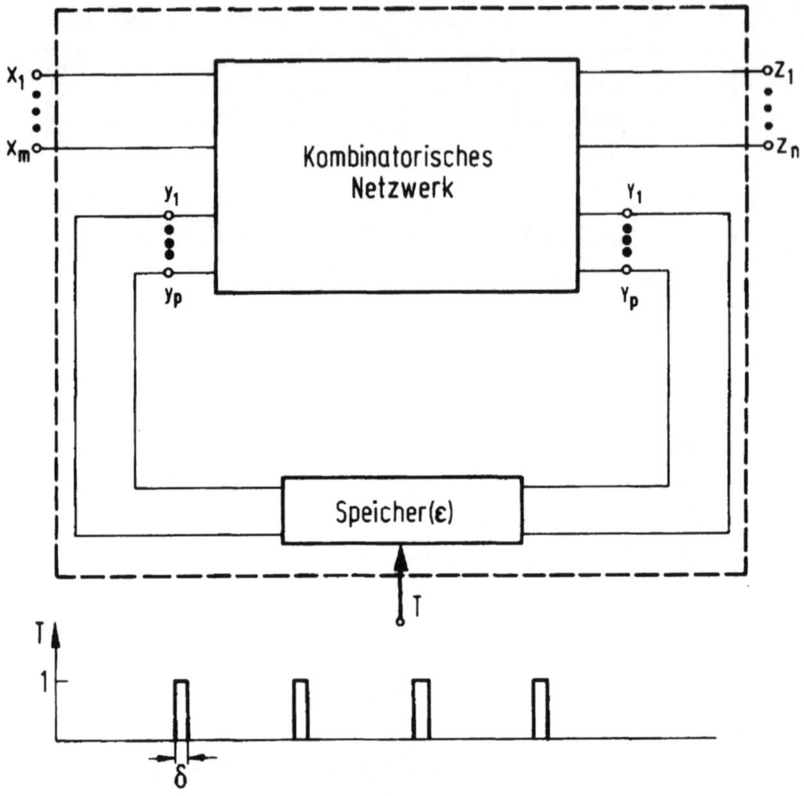

Abb. 1–14. Modell eines taktgesteuerten synchronen Schaltwerks.

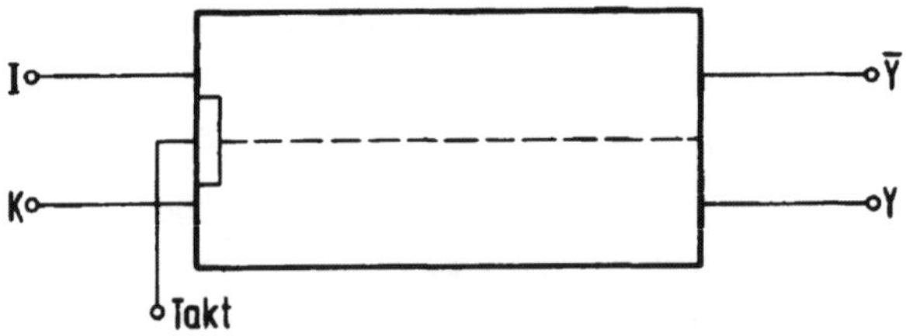

Abb. 1–15. IK-Speicherelement

Eine 1 am Eingang K löscht den Ausgang Y auf 0, eine 1 am Eingang I setzt den Ausgang Y auf 1. Führen beide Eingänge das Signal 1, so wird der alte Wert des Ausgangs Y invertiert, führen beide Eingänge das Signal 0, so bleibt der alte Wert des Ausgangs Y erhalten.

Dieser verbalen Beschreibung entspricht die Übertragungsfunktion des IK-Speicherelements, die die Form besitzt

$$Y = \bar{I} \wedge \bar{K} \wedge y \vee I \wedge \bar{K} \vee I \wedge K \wedge \bar{y}$$

oder vereinfacht

$$Y = \bar{K} \wedge y \wedge I \wedge \bar{y} \qquad (21)$$

Eine einfache Umformung der Schaltfunktionen (20) liefert die Ausdrücke

$$\begin{aligned} Y_1 &= x \wedge y_1 \vee \bar{x} \wedge y_2 = (x \mathbin{\underset{\cdot\cdot}{\vee}} y_2) \mathbin{\dot{\wedge}} y_1 \vee \bar{x} \wedge y_2 \wedge \bar{y}_1 \\ &= \overline{\bar{x} \times \bar{y}_2} \wedge y_1 \vee \bar{x} \wedge y_2 \wedge \bar{y}_1 \qquad (22) \\ Y_2 &= \bar{x} \wedge y_2 \vee x \wedge \bar{y}_1 = \overline{x \mathbin{\dot{\times}} y_1} \wedge y_2 \vee x \wedge \bar{y}_1 \wedge \bar{y}_2 \end{aligned}$$

Ein Vergleich von (21) und (22) liefert die Ansteuerfunktionen der beiden IK-Speicherelemente:

$$\begin{aligned} I_1 &= \bar{x} \wedge y_2, \qquad K_1 = \bar{x} \wedge \bar{y}_2 \\ I_2 &= x \wedge \bar{y}_1, \qquad K_2 = x \wedge y_1 \end{aligned} \qquad (23)$$

Mit (23) erhält man den symbolischen Schaltplan 1–16; die Wirkungsweise des Taktes wird dabei durch die den Speicherelementen vorgeschalteten AND-Gatter verdeutlicht.

1.3.6 Vereinfachung von Zustandstabellen

Die Anzahl der Zeilen einer Zustandstabelle und davon abhängig die Anzahl der benötigten internen Schaltvariablen hängt einerseits ab von der Aufgabenstellung, andererseits aber auch von der mehr oder weniger geschickten Formalisierung derselben. Die Anzahl der internen Schaltvariablen bestimmt mit den Aufwand des später zu realisierenden Netzwerks. Da ferner die Formalisierung eines Problems vielfach leichter gelingt und fehlerunanfälliger ist, wenn auf die Größe der Zustandstabelle anfangs nicht Rücksicht genommen zu werden braucht, wurden Verfahren entwickelt, die Zeilenzahl einer Zustandstabelle systematisch zu *minimieren.* Auf die diesen

Verfahren zugrunde liegenden Gedanken soll im folgenden kurz eingegangen werden.

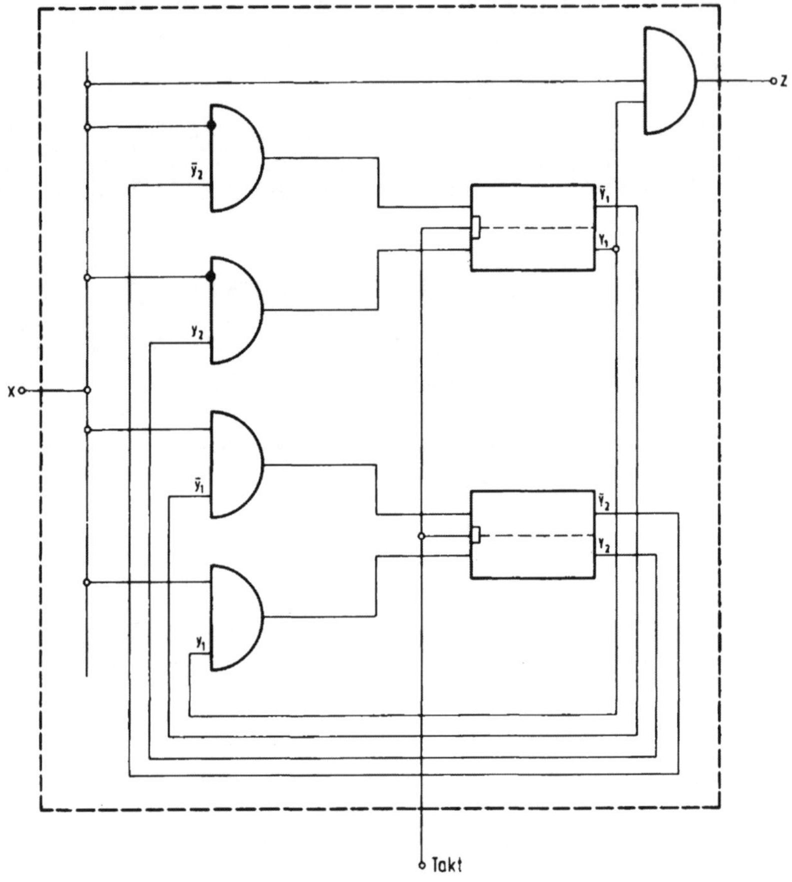

Abb. 1–16. modulo 2-Zähler als synchrones Schaltwerk

Die Zeilen einer Zustandstabelle seien derart zu *Klassen* K_i zusammengefaßt, daß für jede Klasse die beiden folgenden Bedingungen erfüllt sind:

– Die Ausgabeteile sämtlicher Zeilen einer Klasse K_i sind identisch

– Innerhalb einer Spalte des Verweisteils wird von den Zeilen einer Klasse K_i nur auf die Zeilen einer Klasse K_j dürfen selbstverständlich identisch sein.

Wählt man jetzt aus jeder Klasse K_i je einen *Zeilen-Repräsentanten* r_i aus und ersetzt innerhalb der gesamten Zustandstabelle sämtliche Verweise auf eine Zeile der Klasse K_i durch einen Verweis auf r_i, so besteht jede Klasse K_i aus identischen Zeilen, von denen nur jeweils eine zu berücksichtigen ist. Die Anzahl der Zeilen der ursprünglichen Zustandstabelle wird auf die Anzahl der Klassen K_i reduziert. Die externe Wirkungsweise des durch die derart verkleinerte Zustandstabelle beschriebenen Schaltwerks ist identisch mit der Wirkungsweise des durch die ursprüngliche Zustandstabelle beschriebenen Schaltwerks.

Das Vorgehen werde am Beispiel einer fiktiven Zustandstabelle (Abb. 1–17) für ein Schaltwerk mit zwei Eingängen x_1 und x_2 sowie einem Ausgang z erläutert.

	x_1 x_2				x_1 x_2			
	00	01	11	10	00	01	11	10
1	5	7	4	1	0	0	1	0
2	4	2	1	9	1	1	0	0
3	3	6	2	8	1	1	0	1
4	4	6	7	9	1	1	0	1
5	6	2	4	5	0	0	1	0
6	6	7	4	1	0	0	1	0
7	9	7	5	9	1	1	0	0
8	8	5	7	9	1	1	0	1
9	3	6	2	9	1	1	0	1

Abb. 1–17. Fiktive, nicht vereinfachte Zustandstabelle

Eine Umordnung der Zeilen der obigen Zustandstabelle anhand der beiden oben genannten Bedingungen liefert die Zustandstabelle 1–18, in die bereits die Klassen K_1, K_2 und K_3 eingetragen sind.

	$x_1\ x_2$ 00	01	11	10	$x_1\ x_2$ 00	01	11	10	
1	5	7	4	1	0	0	1	0	K_1
5	6	2	4	5	0	0	1	0	
6	6	7	4	1	0	0	1	0	
2	4	2	1	9	1	1	0	0	K_2
7	9	7	5	9	1	1	0	0	
3	3	6	2	8	1	1	0	1	K_3
8	8	5	7	9	1	1	0	1	
4	4	6	7	9	1	1	0	1	
9	3	6	2	9	1	1	0	1	

Abb. 1–18. Nach Klassen geordnete Zustandstabelle 1–17.

Wählt man als Repräsentanten der Klassen K_i die Werte

$$r_1 = 1, r_2 = 2, r_3 = 3 ,$$

so erhält die geordnete Zustandstabelle 1–18 nach dem Ersetzen der Verweise durch die genannten Repräsentanten und nach dem Streichen identischer Zeilen die reduzierte Form:

	$x_1\ x_2$ 00	01	11	10	$x_1\ x_2$ 00	01	11	10
1	1	2	3	1	0	0	1	0
2	3	2	1	3	1	1	0	0
3	3	1	2	3	1	1	0	1

Abb. 1–19. Reduzierte Form der Zustandstabelle aus Abb. 1–17.

Waren zur Realisierung des in 1–17 beschriebenen Netzwerks noch mindestens 4 interne Schaltvariablen bzw. Speicherelemente notwendig, so erfordert die Realisierung der in 1–19 angegebenen Zustandstabelle lediglich zwei interne Schaltvariablen bzw. Speicherelemente.

2. Digitale Speicher

Von Helmut Rzehak

2.1 Physikalische Grundlagen

2.1.1 Übersicht über physikalische Speicherprinzipien

Einrichtungen, die Information über einen beliebig langen Zeitraum hinweg festhalten und bei Bedarf wieder abgeben können, nennt man Speicher. Nach Norbert Wiener ist Information wesentlich nichtphysikalischer Natur, aber stets an physikalische Vorgänge gebunden. Soll ein für die Speicherung benutztes Medium Information aufnehmen (Schreibvorgang), so muß sich dessen physikalisch beschreibbarer Zustand auf irgendeine Weise ändern. An dem Zustand nach der Informationsaufnahme ist die gespeicherte Information erkennbar (Lesevorgang). Das zur Speicherung benutzte Medium wird Informationsträger genannt. Allgemein bekanntes Beispiel ist die Schallplatte. Die Information ist durch den Verlauf der Tonrille gekennzeichnet. Mit einer Lupe ist deutlich zu erkennen, daß diese vom spiralförmigen Verlauf abweicht. Diese Abweichungen werden von der Nadel abgetastet und über das Wiedergabegerät in Schall umgewandelt.

Man kann eine große Anzahl von physikalischen Effekten angeben, die sich für die Informationsspeicherung verwenden lassen. Eine Übersicht gibt Abbildung 2–1.

Es sind die beiden Hauptgruppen

Systeme ohne Energiezufuhr
Systeme mit Energiezufuhr

unterschieden. Dies bedeutet nicht, daß für den Betrieb eines Speichers, dessen Prinzip in die Kategorie der Systeme ohne Energiezufuhr fällt, keine Energie benötigt wird. Für den Schreib- und Lesevorgang sowie andere Hilfsfunktionen wird stets Energie benötigt. Die Einteilung besagt vielmehr, ob zur Erhaltung der Information prinzipiell und nicht nur wegen der Unvollkommenheit der Technik eine laufende Energiezufuhr nötig ist. Wird diese bei Systemen mit Energiezufuhr einen Augenblick unterbrochen, so geht die Information sofort verloren. Bei einem Ausfall der Stromversorgung muß dieser Umstand berücksichtigt werden.

Für digitale Speicher ist noch charakteristisch, daß die Speicherung „portionsweise" in kleinsten, voneinander unterscheidbaren Informationseinheiten erfolgt. Diese Informationseinheit wird 1 Bit genannt, und man kann sie sich repräsentiert vorstellen durch die beiben Aussagemöglichkeiten Ja/Nein. In der Tat ist die kleinste Information, die man über ein Ereignis – z. B. ein Fußballspiel – verbreiten kann, ob es stattgefunden hat oder nicht. Ein digitaler Speicher ist also unterteilt in einzelne Speicherelemente, die zur Aufnahme der Informationseinheit 1 Bit dienen. Sie müssen also zwei voneinander unterscheidbare Zustände annehmen können, denen man die Aussagen „Ja" und „Nein" zuordnet. Diese beiden Zustände werden auch häufig durch die Zahlen 1 und 0 gekennzeichnet, da sich derartige Elemente zur Darstellung einer Dualziffer anbieten.

Bei Lochkarte und Lochstreifen werden die beiden Zustände 1 und 0 dadurch dargestellt, daß der Informationsträger (Lochkarte, Lochstreifen) an einer bestimmten Stelle, die durch Vereinbarung (Normung) einem bestimmten Bit zugeordnet ist, gelocht ist oder nicht gelocht ist. Der Informationsträger kann für die Aufnahme von Information nur einmal verwendet werden. Ein Löschen der einmal gespeicherten Information ist nicht möglich. Vor allem diesen Nachteil vermeiden Speicher, die als Informationsträger ferromagnetische Materialien verwenden, und integrierte Halbleiterspeicher. Der Ferromagnetismus stellt das heute am häufigsten verwendete Speicherprinzip dar.

2.1.2 Ferromagnetismus

Es ist aus der Physik bekannt, daß ein elektrischer Strom ein Magnetfeld hervorruft, dessen Stärke von der Stromstärke (und der Anzahl der Windungen einer Spule) abhängt. Daneben gibt es auch Magnete ohne sichtbaren erregenden Strom, mit denen sich z. B. in Kinder-

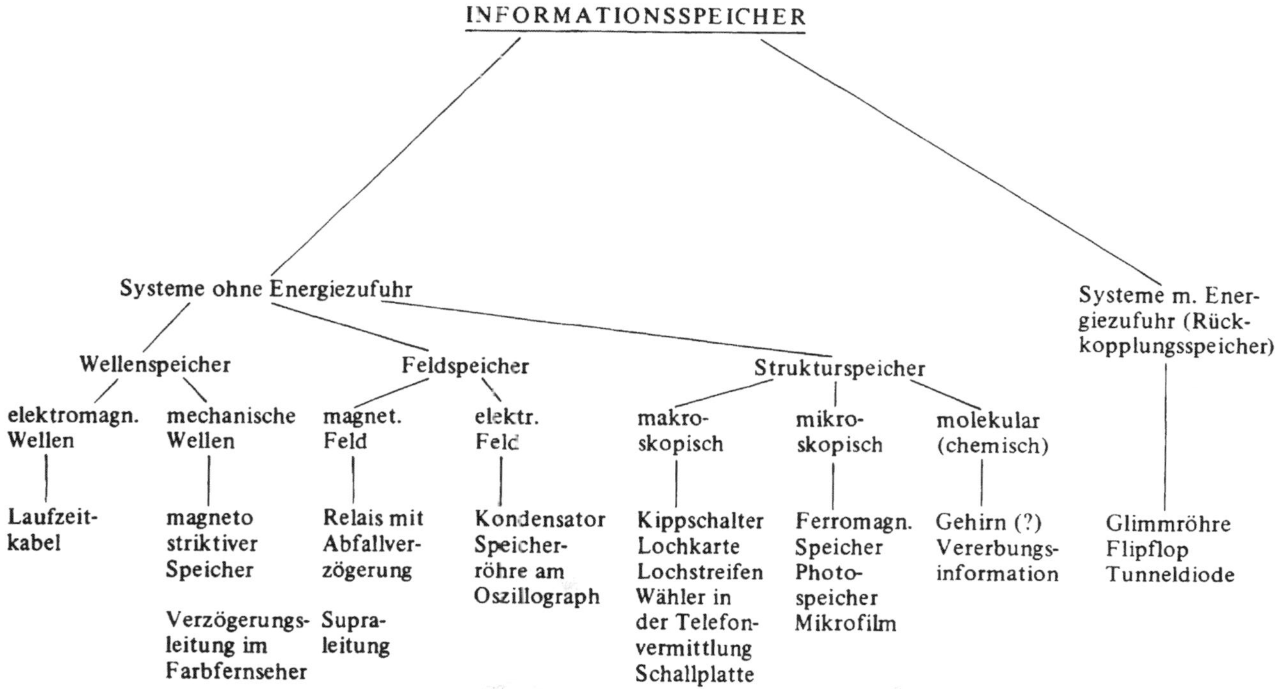

Abb. 2–1. Übersicht über die physikalischen Speicherprinzipien mit Anwendungsbeispielen

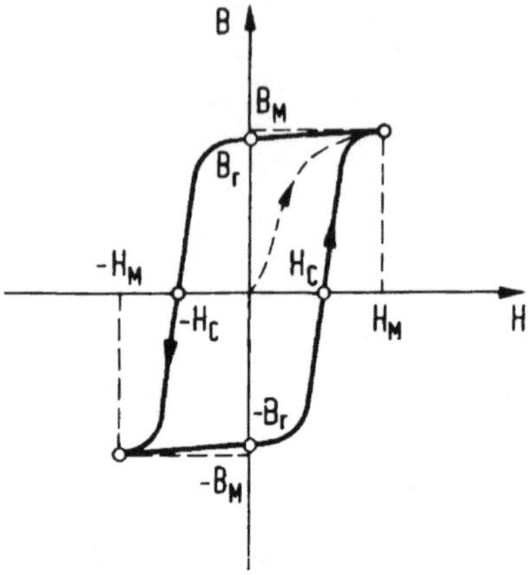

Abb. 2–2. Zusammenhang zwischen magnetischer Feldstärke H und magnetischer Induktion B für einen hartmagnetischen Werkstoff

spielzeug besonders einprägsame Effekte erzielen lassen. Damit man die mit dem Magnetismus zusammenhängenden Effekte beschreiben kann, werden in der Physik zwei Größen verwendet. Die magnetische Feldstärke H beschreibt die äußeren Ursachen des Magnetfeldes. Sie ist proportional zum verursachenden Strom und von der Geometrie der Anordnung (z. B. Windungszahl) abhängig. Die magnetische Induktion B beschreibt die Wirkung des Magnetfeldes. So wird bei Änderungen der magnetischen Induktion in einer Spule, die das Feld umschließt, eine Spannung induziert, deren Größe von der Änderungsgeschwindigkeit abhängt. Der Zusammenhang zwischen H und B ist vom Material abhängig, welches das Magnetfeld ausfüllt. Für viele Materialien sind Feldstärke und Induktion zueinander proportional. Für die sogenannten ferromagnetischen Materialien besteht jedoch ein komplizierter nichtlinearer Zusammenhang (Hystereseschleife), der durch den Kristallaufbau dieser Stoffe bestimmt ist. Da dieses Phänomen für den Aufbau digitaler Speicher weite Verwendung findet, soll es hier kurz beschrieben werden, ohne daß auf die physikalischen Ursachen im einzelnen eingegangen wird.

In Abb. 2–2 ist die Hystereseschleife für ein Material dargestellt, das sich zur Verwendung für digitale Speicher eignet.

Die ausgezogene Kurve ergibt sich, wenn man die Feldstärke von $-H_M$ bis $+H_M$ erhöht (unter Zweig) und von $+H_M$ bis $-H_M$ vermindert (oberer Zweig). Dabei wird jeweils ein anderer Zweig der Kurve durchlaufen. Beide Zweige sind symmetrisch zum Nullpunkt. Das negative Vorzeichen bedeutet dabei, daß Feldstärke und Induktion gegenüber der positiven Richtung genau umgekehrte Richtung haben. Die negative Feldstärke erzeugt man also durch Umpolen des Stromes, der die Feldstärke hervorruft. Die gestrichelte Linie ergibt sich für vollständig entmagnetisiertes Material bei positiver Feldstärke und wird nur einmalig durchlaufen, da der Koordinatenursprung nicht wieder erreicht wird. Von Bedeutung sind die Schnittpunkte mit dem Achsenkreuz. Verfolgt man z. B. den unteren Zweig bis zum Schnittpunkt mit der B-Achse, so stellt dieser Schnittpunkt einen Zustand mit $H = 0$ dar, d. h. auch ohne erregenden Strom (denn $H = 0$ entspricht $I_{err} = 0$) bleibt eine magnetische Wirkung, dargestellt durch $-B_r$, erhalten. Entfernt man die Spule, die zur Erzeugung der Feldstärke H gedient hat, so wird die magmatische Induktion dadurch nicht geändert. Man erhält einen Dauermagnet. Für die Stärke des Dauermagneten ist offenbar der Schnittpunkt der Hystereseschleife mit der B-Achse entscheidend. Man bezeichnet den Wert B_r als Remanenz.

Erhöht man die Feldstärke bis $+H_M$, so schneidet der zugehörige Zweig der Hystereseschleife die H-Achse in einem Punkt, der dem Zustand $B = 0$ entspricht. Die zugehörige Feldstärke H_c heißt Koerzitivkraft und stellt die Feldstärke dar, die aufgewendet werden muß, damit keine magnetischen Wirkungen nach außen feststellbar sind. Bei weiterem Erhöhen der Feldstärke ändert sich die Richtung der magnetischen Induktion.

Die in Abb. 2–2 gezeigte Hystereseschleife setzt voraus, daß beim Durchlauf des unteren Zweiges die Feldstärke stets nur erhöht und beim Durchlauf des oberen Zweiges stets nur erniedrigt wird. Insbesondere müssen die Maximalwerte $+H_M$ und $-H_M$ erreicht werden. Sind diese Bedingungen nicht erfüllt, so ergeben sich Abweichungen vom angegebenen Verlauf. Werden z. B. die Maximalwerte nicht erreicht, so zieht sich die Schleife in Richtung auf den Nullpunkt des Koordinatensystems zusammen. Der Nullpunkt wird normalerweise nicht erreicht. Nach dem Abschalten des Stromes bleibt ein „Restmagnetismus“ erhalten. Eine Entmagnetisierung des Materials kann nur erreicht werden, indem eine Hystereseschleife bei langsam kleiner werdenden H_M ständig durchlaufen wird. Als Informationsträger für digitale Speicher kommen nur sogenannte hartmagnetische Materialien in Frage, deren Hystereseschleife in Abb. 2–2 dargestellt ist. Die beiden Zweige der Hystereseschleife für weichmagnetische Werkstoffe verlaufen wesentlich näher nebeneinander. Dadurch sind die Werte B_r und H_c wesentlich kleiner als bei hartmagnetischem Material. Für digitale Speicher nach dem ferromagnetischen Prinzip werden heute die Ferrite verwendet. Das sind Eisen- oder Chromoxide, deren magnetische Eigenschaften den eigentlichen ferromagnetischen Materialien (z. B. Eisen- und Nickel-Legierungen) sehr nahekommen, die aber den Vorteil haben, daß sie den elektrischen Strom nicht leiten. Es gilt eine Hysteresekurve gemäß Abb. 2–2, jedoch liegen die Werte für B_r niedriger als bei den eigentlichen ferromagnetischen Materialien.

Hinsichtlich des Aufbaus unterscheidet man Speicher mit ruhendem und mit bewegtem Informationsträger. Die erste Gruppe wird nahezu vollständig repräsentiert durch die Ringkernspeicher. Zur zweiten Gruppe gehören die Magnetplatten-, Magnettrommel-, Magnetband- und Magnetstreifenspeicher. Für beide Gruppen soll der Schreib- und Lesevorgang in den nächsten Abschnitten beschrieben werden.

2.1.3 Lese- und Schreibvorgang in einem Ferritkern

Bei einem Kernspeicher besteht das Speicherelement aus einem kleinen Ring aus Ferrit, durch den drei bis vier Drähte (Wicklungen mit der Windungszahl 1) gefädelt sind. Der äußere Durchmesser der Kerne liegt zwischen 0,3 mm und 4 mm. Das Magnetfeld verläuft im wesentlichen ringförmig im Material des Kernes. Das Vorzeichen von H und B kennzeichnet also, welche der beiden möglichen Richtungen B und H einnehmen.

Um den Lese- und Schreibvorgang zu erläutern, betrachtet man das Verhalten eines Kernes in der Testanordnung nach Abb. 2–3. Um die nötigen Feldstärken zu erreichen, muß der Impulsgenerator

Stromimpulse von ca. 1 Ampere liefern, da die Wicklung nur aus einer einzigen Windung besteht. Die Stromimpulse können positiv oder negativ sein und haben etwas idealisiert trapezförmigen Verlauf. Die Hystereseschleife des Kernes kann etwas idealisiert als Parallelogramm dargestellt werden. Ist der Strom i = 0, so ist auch H = 0 und

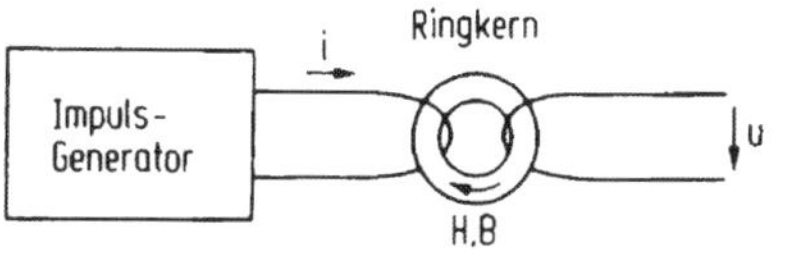

Abb. 2–3. Anordnung zur Demonstration des Ummagnetisierungsverhaltens eines Speicher-Ringkernes

die magnetische Induktion nimmt im Kern abhängig von der Vergangenheit – d. h. abhängig davon, ob der letzte Stromimpuls positiv oder negativ war – die Werte $+ B_r$ oder $- B_r$ an. Diese Abhängigkeit von der Vergangenheit stellt die Speicherfunktion dar. Dem Zustand $+ B_r$ ordnet man den Wert 1 zu und dem Zustand $- B_r$ den Wert 0. Diese Wahl ist willkürlich; für die Darstellung in den Abbildungen ist diese Zuordnung einheitlich getroffen worden.

Der Schreibvorgang soll den Kern in den Zustand 0 oder 1 bringen, je nachdem, ob die Information 0 oder 1 zum Schreiben vorliegt. Beim Lesevorgang muß festgestellt werden, ob sich der Kern im Zustand 0 oder 1 befindet, d. h. es muß festgestellt werden, welche Richtung die magnetische Induktion im Kern hat. Dies kann ohne allzu großen technischen Aufwand realisiert werden, wenn man in Kauf nimmt, daß die Information beim Lesevorgang zerstört wird. Sie muß dann anschließend sofort wieder zurückgeschrieben werden. Zum besseren Verständnis des Schreib- und Lesevorgangs betrachtet man die Versuchsanordnung gemäß Abb. 2–3 mit der in Abb. 2–4 dargestellten Impulsfolge des Impulsgenerators.

Zu Beginn sei der Kern im Zustand 0. Der erste Impuls verursacht eine positive Feldstärke bis zum Wert H_M. Während des Anstiegs des Stromimpulses wird der untere Zweig der Hystereseschleife durchlaufen; die magnetische Induktion ändert ihren Wert von $- B_r$ zu $+ B_M$. Die induzierte Spannung, die man an dem zweiten durch den

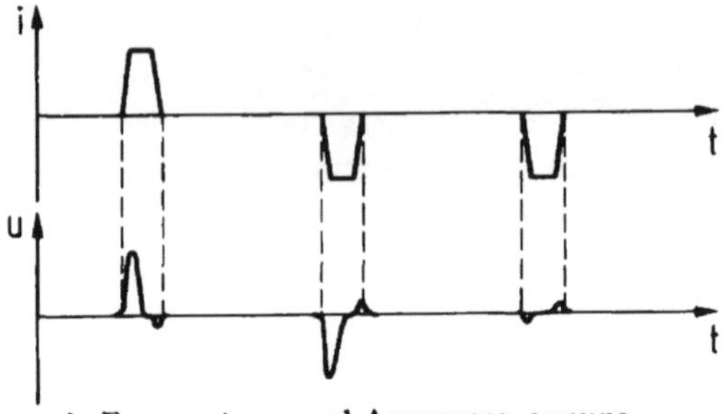

a) Erregerstrom und Ausgangsspannung

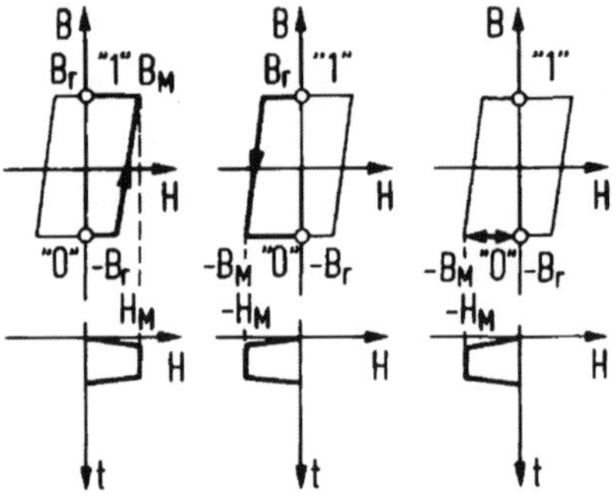

b) Durchlauf der zugehörigen Zweige der Hystereseschleife

Abb. 2–4. Ummagnetisierung eines Ferritkernes beim Schreiben und Lesen

Kern gefädelten Draht messen kann, ist abhängig von der Änderungsgeschwindigkeit der magnetischen Induktion, d. h. sie ist um so größer, je größer die durchlaufende Differenz der magnetischen Induktion und je kürzer das dafür benötigte Zeitintervall ist. Um den zeitlichen Verlauf der induzierten Spannung u angeben zu können, muß noch berücksichtigt werden, daß mit der Ummagnetisierung eines ferromagnetischen Materials Veränderungen der kristallinen Struktur verbunden sind, die mit einer gewissen Verzögerung der anliegenden Feldstärke folgen. Das Maximum der induzierten Spannung liegt also zeitlich hinter der ansteigenden Flanke des Stromimpulses. Man erhält somit den in Abb. 2–4 angegebenen Verlauf der induzierten Spannung u. Während der abfallenden Flanke des Stromes wird der obere Zweig der Hystereseschleife von $+ B_M$ bis $+ B_r$ durchlaufen. Die Änderung der magnetischen Induktion ist gering und erfolgt von einem größeren zu einem kleineren Wert. Man erhält also einen kleinen induzierten Spannungsimpuls mit negativem Vorzeichen. Der Kern ist damit von dem Zustand 0 in den Zustand 1 gebracht worden. Der Vorgang entspricht dem Schreiben einer 1. Soll eine 0 geschrieben werden, so muß der Stromimpuls unterbleiben. Der Kern behält dann den ursprünglichen Zustand 0.

Anschließend an den ersten Stromimpuls folgt gemäß Abb. 2–4 ein Stromimpuls mit umgekehrter Richtung (neg. Strom). Vom Zustand 1 aus wird der obere Zweig der Hystereseschleife durchlaufen bis - B_M und während der abfallenden Flanke der untere Zweig von - B_M bis - B_r (Zustand 0). Wegen der Symmetrie der Hystereseschleife verläuft der Vorgang analog zu dem oben Beschriebenen mit umgekehrten Vorzeichen ab. Hat nun der Kern den Zustand 0 und erfolgt ein weiterer Stromimpuls mit negativer Richtung (dritter Impuls in Abb. 2–4), so wird der untere Zweig der Hystereseschleife von - B_r bis - B_M und wieder zurück bis - B_r durchlaufen. Dadurch wird nur ein kleinerer negativer bzw. positiver Spannungsimpuls induziert. Man kann also aus der Größe der induzierten Spannung bei einem negativen Stromimpuls ersehen, ob der Kern vor dem Stromimpuls in dem Zustand 1 oder 0 war. Nach dem Impuls ist der Kern stets im Zustand 0. Das Lesen wird auf diese Weise durch einen negativen Stromimpuls bewirkt. Da der Kern nach dem Lesen stets im Zustand 0 ist, so ist die Information durch den Lesevorgang verloren gegangen; der Kern wird durch das Lesen gelöscht.

Beim Betrieb eines Speichers erfolgen die Impulse nicht in der Reihenfolge nach Abb. 2–4. Es erfolgt zuerst der (negative) Leseimpuls. Da die Information am Ausgang nur als Impuls zur Verfügung steht, muß diese in einem sog. Speicherregister zwischengespeichert werden. Als Speicherelemente werden im Speicherregister Flipflops verwendet, auf die in Kapitel 2.1.5 näher eingegangen wird. Nach dem Leseimpuls steht die Information im Speicherregister zur Verfügung, während die Kerne gelöscht sind. Durch den nun folgenden Schreibimpuls wird entweder die alte Information aus dem Speicherregister zurückgeschrieben oder neue Information eingeschrieben. Soll nur neue Information eingeschrieben werden, so kann der Leseimpuls nicht entfallen, da durch diesen die Kerne gelöscht werden müssen. Man nennt eine Folge von Lese- und Schreibimpulsen einen Speicherzyklus. Die dafür benötigte Zeit heißt Zykluszeit und charakterisiert die Geschwindigkeit des Speichers. Man erreicht heute Werte bis zu 0,2 μs. Übliche Werte für schnelle Speicher liegen bei ca. 0,6 μs. Die Entwicklung schneller Speicher ist in den letzten Jahren so vorangetrieben worden, daß für Kernspeicher wegen der Zeit für das Ummagnetisieren die Grenze des Möglichen nahezu erreicht ist. Der Bau schnellerer Speicher wird mit anderen Technologien versucht.

2.1.4 Schreib- und Leseverfahren bei bewegtem ferromagnetischen Informationsträger

Bei dieser Klasse von Speichern wird die zeitliche Veränderung der magnetischen Induktion – und die damit verbundene induzierte Spannung – erzeugt, indem man eine ferromagnetische Schicht mit unterschiedlichem Magnetisierungszustand an einem Lesekopf vorbeibewegt. Die Information braucht also durch das Lesen nicht zerstört werden. Allerdings enthalten diese Speicher mechanisch bewegte Teile, was mit größerem Aufwand für die Wartung verbunden ist. Diese Speicher sind gegenüber Kernspeichern mit wesentlich größeren Kapazitäten (Anzahl der Bits pro Speichereinheit) preisgünstig herstellbar. Da der Träger aus einer magnetischen Schicht besteht, bezeichnet man diese Speicher auch als Magnetschichtspeicher.

Zur Übertragung der Information auf den Träger (Trommel, Platte, Band) und zurück dient der Schreib- und Lesekopf (Abb. 2–5). Beide haben im Prinzip den gleichen Aufbau. Sie bestehen aus einem Ringkern aus weichmagnetischem Material, der durch einen Spalt unterbrochen ist und eine Wicklung trägt. Zur Abschirmung gegen äußere Magnetfelder befindet sich der Kopf in einem Gehäuse aus weichmagnetischem Material. Schickt man durch die Wicklung des Schreibkopfes einen Strom i, so entsteht im Ringkern ein Magnetfeld. Da dieser jedoch durch den Spalt unterbrochen ist, so tritt das Magnetfeld hier aus dem Kern heraus und verläuft zum Teil durch den Informationsträger, der an dieser Stelle am Kopf vorbeibewegt

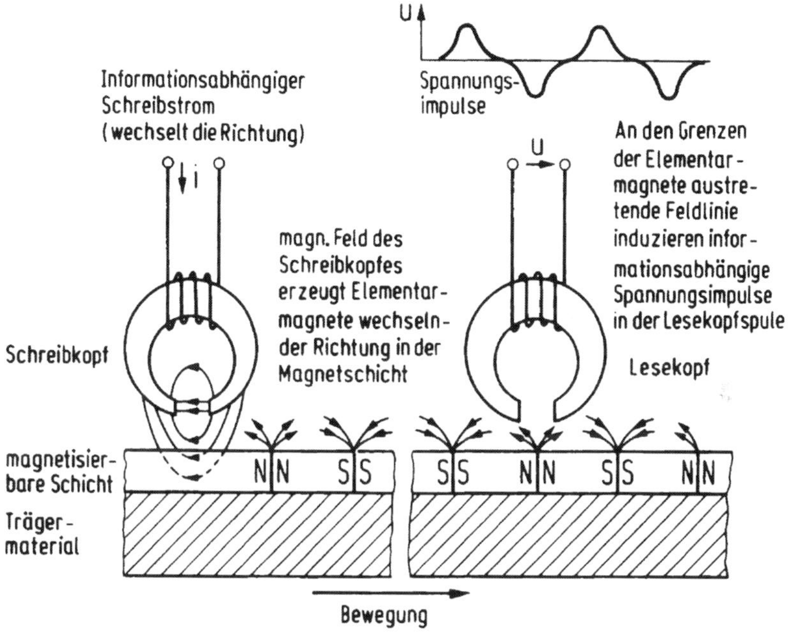

Abb. 2–5. Prinzip der Magnetschichtspeicher

wird. Die magnetisierbare Schicht wird je nach der Richtung des Stromes i entweder in Bewegungsrichtung oder gegen die Bewegungsrichtung orientiert magnetisiert. Wie in Abb. 2–5 angedeutet, besteht die magnetisierbare Schicht nach dem Schreibvorgang aus kleinen Magneten wechselnder Richtung, die von der Richtung des Schreibstromes abhängig ist (Elementarmagnete). Bewegt sich die Grenze zweier verschieden orientierter Elementarmagnete am Lesekopf vorbei, wie dies in Abb. 2–5 gezeigt ist, so ändert sich die magnetische Induktion am Spalt des Lesekopfes, so daß in dessen Wicklung ein Spannungsimpuls als Lesesignal induziert wird. Man erhält also ein Lesesignal, wenn die Stelle des Informationsträgers den Lesekopf passiert, die sich gerade unter dem Spalt des Schreibkopfes befand, als sich die Richtung des Schreibstromes geändert hat. Die Anordnung, daß in Bewegungsrichtung des Informationsträgers gesehen erst der Schreibkopf und anschließend der Lesekopf folgt, ermöglicht es, die Information unmittelbar nach dem Schreiben zu kontrollieren.

Würde man den Zustand 0 durch die in Laufrichtung orientierte Magnetisierung des Informationsträgers und den Zustand 1 durch die entgegen der Laufrichtung orientierte Magnetisierung darstellen, so würde man nur ein Lesesignal erhalten, wenn die geschriebene Information wechselt. Um sinnvoll festzulegen, wie man die Zustände 0 und 1 auf dem Informationsträger darstellen will, muß beachtet werden, daß kein besonderer Löschvorgang vor dem erneuten Beschreiben des Trägers nötig sein soll. Vereinbarungen, die es notwendig machen, daß der Träger an einzelnen Stellen entmagnetisiert ist, scheiden damit aus. Bei dem gebräuchlichsten Verfahren, das für die Beschriftung von Magnetbändern genormt ist, wird die 1 durch den Wechsel der Magnetisierungsrichtung dargestellt. Das Verfahren trägt daher den Namen Wechselschrift. Beim Lesen erhält man für die 1 einen Spannungsimpuls, der positiv oder negativ sein kann. Für die 0 erhält man keinen Spannungsimpuls. Damit die 0 erkannt werden kann, muß der Ort, an dem ein Bit erwartet wird, gekennzeichnet sein. Dies kann z. B. erfolgen, indem man eine Taktspur zusätzlich auf den Träger aufbringt. Jede 1 auf der Taktspur kennzeichnet die Lage eines Bits auf den übrigen Spuren. Die Magnetisierung des Trägers ist in Abb. 2–6 dargestellt. Dort sind auch zwei weitere gebräuchliche Aufzeichnungsverfahren dargestellt, auf die aber hier nicht näher eingegangen werden soll.

2.1.5 Integrierte Halbleiterspeicher

Zur Realisierung von sequentiellen logischen Netzwerken (Schaltnetzwerke) werden Speicherelemente nach dem Rückkopplungsprinzip, sog. Flipflops, verwendet. Diese sind im Prinzip aus NOR- oder NAND-Verknüpfungen aufgebaut und gehören als fester Bestandteil zu jedem Schaltkreissystem. Während in der Vergangenheit diese Elemente aus diskreten Bauteilen (Transistoren, Dioden, Widerständen u. a.) aufgebaut waren und daher verhältnismäßig viel Platz benötigten, stellt man heute diese Elemente als Integrierte Schaltungen in einem einheitlichen Fertigungsprozeß her. Damit sind erheb-

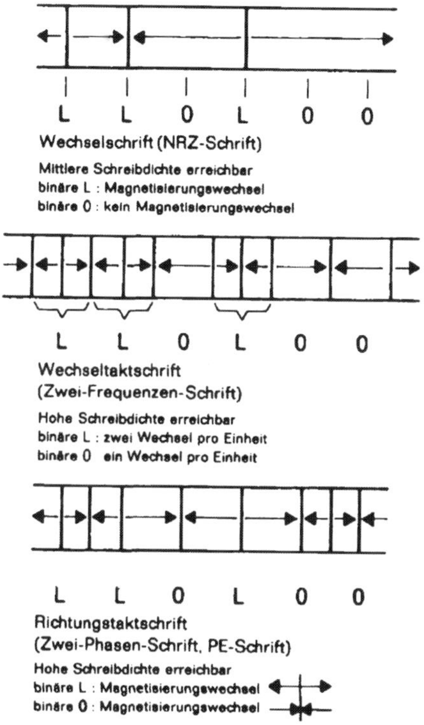

Abb. 2–6. Aufzeichnungsnormen bei Magnetschichtspeichern

liche Platz- und Kostensenkungen pro Speicherelement verbunden. Durch Weiterentwicklung dieser Technik ist es möglich, eine große Anzahl solcher Speicherelemente auf engstem Raum auf einem Silizium-Plättchen herzustellen. Damit kann man den Arbeitsspeicher einer Rechenanlage aus einigen solchen integrierten Groß-Schaltungen aufbauen. Bevor einige damit zusammenhängende Probleme diskutiert werden, soll zunächst die Wirkungsweise des Speicherelementes kurz erläutert werden. Abb. 2–7 zeigt den Aufbau eines Flipflops aus zwei NOR-Verknüpfungen. Um darzustellen, daß die Verknüpfungsglieder mit einer gewissen Verzögerung (Durchlaufzeit t_L) auf Veränderungen der Eingangsgrößen reagieren, ist am Ausgang das Laufzeitglied mit der Durchlaufzeit t_L eingezeichnet. Es sei angenommen, daß der Ausgang $Q_1 = 0$ und $Q_2 = 1$ sei. Zum Zeit-

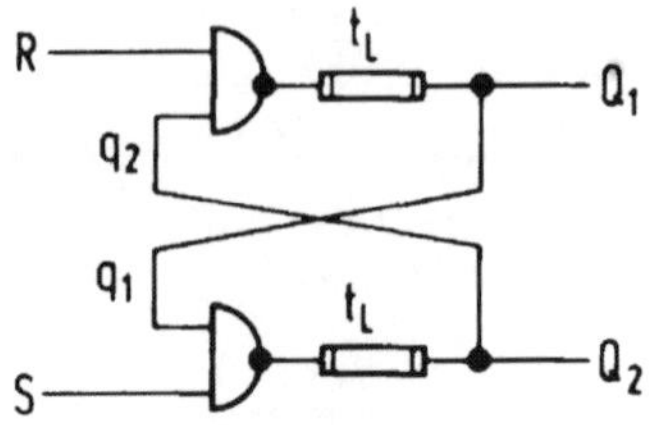

Abb. 2–7. Aufbau eines Flipflops aus zwei NOR-Verknüpfungen

punkt t_1 (vgl. Abb. 2–8) wechselt die Eingangsgröße S von 0 nach 1, während R = 0 bleibt. Nach der Zeit t_L reagiert der Ausgang Q_2 darauf, d. h. es ist zur Zeit $t_2 = t_1 + t_L$ $Q_1 = 0$ geworden. Da der Wert von Q_2 gleichzeitig der Wert von q_2 am Eingang des anderen NOR-Gliedes ist, erhält man an diesem eine Eingangskombination,

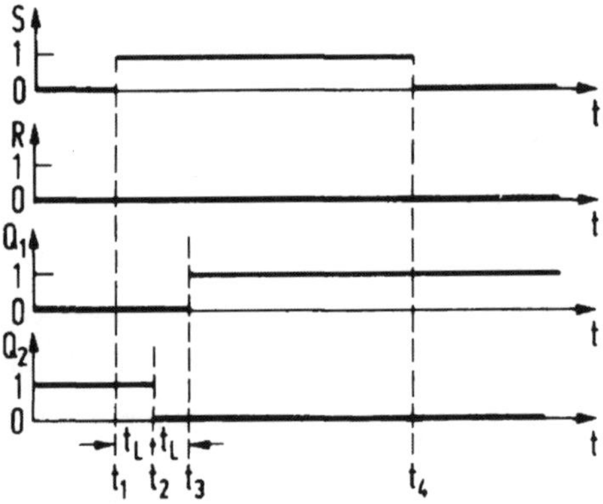

Abb. 2–8. Umschaltevorgang in einem Flipflop

die nicht dem am Ausgang Q_1 anliegenden Wert entspricht. Nach einer weiteren Verzögerungszeit t_L muß sich also der Wert von Q_1 ändern. Für $t_3 \leqslant t < t_4$ haben die Ausgänge die Werte $Q_1 = 1$ und $Q_2 = 0$. Die Werte q_1, q_2 an den Eingängen ändern sich nicht mehr, so daß ein stabiler Zustand erreicht ist. Wechselt nun zum Zeitpunkt t_4 der Wert der Größe S von 1 nach 0, so entspricht auch diese Kombination an den Eingängen den Ausgangswerten. Die Werte von Q_1 und Q_2 ändern sich nicht. Für $t > t_4$ sind die Werte von R und S die gleichen wie für $t < t_1$, die Ausgangswerte sind jedoch negiert. Das Element hat sich „gemerkt", daß für eine gewisse Zeit $S = 1$ galt. Man kann wieder den ursprünglichen Zustand $Q_1 = 0$ und $Q_2 = 1$ durch kurzzeitiges Anlegen von $R = 1$ erreichen. Der Vorgang spielt sich völlig analog zu dem Geschilderten ab.

Das Element kann also abhängig von der Vergangenheit zwei verschiedene Zustände einnehmen und stellt somit ein Speicherelement dar. Die Zustände 0 und 1 kann man durch $Q_1 = 0$ und $Q_1 = 1$ definieren, und es gilt $Q_2 = \overline{Q}_1$. Das Lesen ohne Zerstörung der Information bereitet keine Schwierigkeiten. Ist gleichzeitig $S = 1$ und $R = 1$, so ist $Q_1 = 0$ und $Q_2 = 0$. Da hierbei die Bedingung $Q_2 = \overline{Q}_1$ verletzt ist, so verwendet man diese Speicherelemente nur in Anordnungen, in denen die Kombination $S = 1$ und gleichzeitig $R = 1$ nicht auftreten kann. Das Speicherelement nimmt nach dem Einschalten der Stromversorgung zufällig einen der beiden möglichen Zustände ein; d. h. die Information geht beim Abschalten der Stromversorgung verloren. Nach einem Stromausfall ist ein Fortsetzen begonnener Programme nicht möglich. Man benötigt eine unterbrechungsfreie Stromversorgung. Das Speicherelement nimmt während des Betriebes ständig Energie auf und setzt diese in Wärme um, die durch geeignete Kühlung abgeführt werden muß. Bei integrierten Halbleiterspeichern liegen sehr viele Speicherelemente auf einem Siliziumplättchen dicht beieinander, so daß die Abführung der entstehenden Wärme ein großes Problem ist. Man versucht daher, Schaltkreistechniken zu verwenden, die möglichst wenig Energie umsetzen.

Neben der Wärmebilanz bereitet die begrenzte Zahl der technologisch realisierbaren Anschlüsse pro Siliziumplättchen Schwierigkeiten. Da im allgemeinen eine Gruppe von Bits (1 Wort) gleichzeitig gelesen oder geschrieben wird, kann man die Zahl der benötigten Anschlüsse in vertretbarem Rahmen halten, wenn man die Adreßdecodierung (vgl. Kapitel 2.2.2) auf dem Siliziumplättchen durchführt. Leider sind Schaltkreistechniken, die wenig Energie umsetzen, nicht besonders schnell, so daß die Arbeitsgeschwindigkeit durch die relativ langsame Adreßdecodierung herabgesetzt wird. An diesen angedeuteten Problemen wird intensiv gearbeitet, so daß eine wesentliche Steigerung der Geschwindigkeit der Arbeitsspeicher durch den Einsatz von integrierten Halbleiterspeichern möglich erscheint.

2.2 Adressierungsverfahren

2.2.1 Der Speicherzugriff

Digitale Speicher haben je nach Art und Verwendungszweck Kapazitäten bis zu vielen Millionen Bits. Das Wiederauffinden von Information erfordert die Kennzeichnung des Ortes der abgelegten Information. Man muß gleichsam jedes Bit oder jede Gruppe von Bits im Speicher mit einer Nummer versehen und festhalten, unter welcher Platznummer die Information abgelegt ist. Der Aufbau des Speichers muß so konzipiert sein, daß bei einem Lesevorgang der Informationsinhalt des gewünschten Speicherplatzes geliefert wird. Angaben über den Ort von Information nennt man deren Adresse. Durch diese ist der physikalische Ort der Information eindeutig gekennzeichnet. Bei jedem Schreib- oder Lesevorgang muß die Adresse mit angegeben werden.

Meist ist es nicht sinnvoll, einzelne Bits von und zum Speicher zu transportieren, sondern Gruppen von Bits, z. B. eine Zahl. Man organisiert daher die Speicher so, daß immer nur eine Gruppe von Bits gemeinsam gelesen oder geschrieben wird, und bezeichnet diese Gruppe als kleinste adressierbare Einheit. Bei einem Informationstransport (Speicherzugriff) wird stets eine solche Einheit als Ganzes transportiert, und man verwendet daher für diese eine einzige Adresse. Ein einzelnes Bit ist dann gekennzeichnet durch die Adresse der kleinsten adressierbaren Einheit, zu der es gehört, und seiner Position innerhalb dieser. Soll der Speicher als Hauptspeicher für die Zentraleinheit verwendet werden, so wird man die Größe der kleinsten adressierbaren Einheit zweckmäßig entsprechend der Registerlänge des Rechenwerkes wählen und nennt diese dann gewöhnlich ein Wort. Da der Adreßteil eines Befehles genau ein Wort kennzeichnet, kann man durch diesen genau eine Zahl ansprechen. Auf dem externen Speicher wird man zweckmäßig eine Reihe von Worten als kleinste andressierbare Einheit zusammenfassen, da hier größere

Mengen von Daten zu transportieren sind. Man bezeichnet diese als Block, wobei die Länge eines Blockes häufig durch den technischen Aufbau bestimmt ist. Die Zusammenfassung der Information zu größeren Einheiten auf dem Sekundärspeicher entspricht auch dem Bedürfnis, trotz der wesentlich größeren Kapazität dieser Speicher keine größere Anzahl verschiedener Adressen zu verwenden, da dies die Verwaltung der Information erschweren würde.

Die Art und Weise, wie man zu einem bestimmten Ort im Speicher – gekennzeichnet durch seine Adresse – zugreifen kann, ist für die verschiedenen Klassen von Speichern unterschiedlich. Da ein in Bearbeitung befindliches Programm warten muß, bis ein erforderlicher Speicherzugriff erfolgt ist, müssen die besonderen Bedingungen des Speicherzugriffes bei der Programmierung berücksichtigt werden. Dies gilt insbesondere, wenn ein Programmteil in einer vorgegebenen Zeit bearbeitet werden muß, wie es z. B. beim Betrieb von Rechenanlagen zur Steuerung von industriellen Prozessen (Prozeßrechnern) der Fall ist. Nach dem Zugriffsverfahren teilt man die Speicher in folgende 4 Klassen ein.

2.2.1.1 Direktzugriff

Der Zugriff ist unabhängig von der jeweiligen Adresse. Durch die Adreßentschlüsselung (Decodierung) wird der jeweilige Ort der Information direkt angesprochen, so daß der Zugriff ohne Suchvorgang erfolgt. Es kann zu jeder Adresse zu beliebigen Zeitpunkten zugegriffen werden. Kernspeicher und integrierter Halbleiterspeicher sind nach diesem Prinzip organisiert (vgl. Abschnitt 2.2.2).

2.2.1.2 Zyklischer Zugriff

Führt der Informationsträger eine zyklische Bewegung aus (Magnettrommel, Magnetplatte), so kann zu jedem Ort während einer Umdrehung nur einmal zugegriffen werden, wobei die Reihenfolge der Orte, zu denen nacheinander zugegriffen werden kann, eindeutig festliegt und sich bei jeder Umdrehung wiederholt. Man spricht daher von einem zyklischen Zugriff.

Als Beispiel ist in Abb. 2–9 die Adressierung der Information auf einer Platte mit festen Lese- und Schreibköpfen dargestellt. Die Position eines Bits ist gekennzeichnet durch den Winkel zu einer Bezugsrichtung und den Abstand vom Mittelpunkt der Platte. Der Abstand vom Mittelpunkt wird durch die Nummer der Spur innerhalb der gewünschten Zone angegeben. Die Einteilung in sechs Zonen (drei auf jeder Plattenseite) ist gewählt worden, weil sechs Bit parallel gelesen werden, um die Übertragungsgeschwindigkeit zu erhöhen. Bei jedem Schreib- bzw. Lesevorgang ist aus jeder Zone jeweils ein Kopf angeschaltet, so daß die gleichen Spurnummern innerhalb jeder Zone gleichzeitig gelesen werden. Längs eines Spurumfanges ist die Platte in Sektoren eingeteilt. Auf einer besonderen Sektoradreßspur ist der Anfang jedes Sektors markiert. Die kleinste adressierbare Einheit (ein Block) ist der zu einer Spurnummer gehörende Sektor, so daß die Adresse aus Spur- und Sektornummer besteht. Soll zu einem bestimmten Block zugegriffen werden, kann zu der gewünschten Spur durch Auswahl der Köpfe direkt zugegriffen werden. Auf der Sektoradreßspur wird laufend gelesen, welcher Sektoranfang sich gerade in der richtigen Position unter den Schreib- bzw. Leseköpfen befindet. Stimmt diese mit dem gewünschten

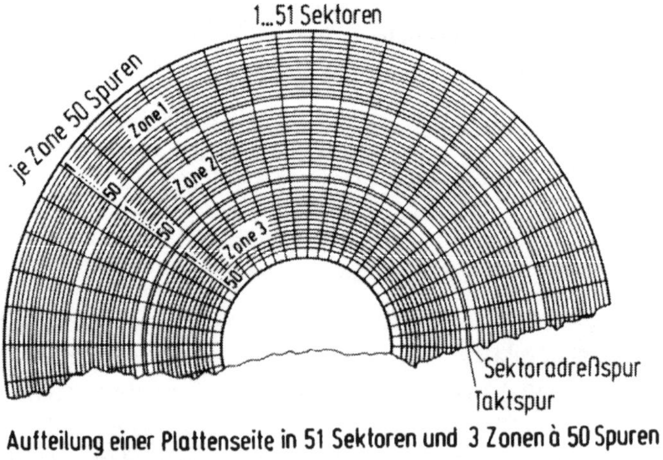

Abb. 2–9. Beispiel für das Adressierungsschema eines Plattenspeichers

Sektor überein, so wird, durch die Taktspur gesteuert, die Information in Gruppen von sechs Bit nacheinander übertragen. Die mittlere Zeit für das Auffinden ist von der Umdrehungszahl der Platte abhängig.

Bei einem Plattenspeicher mit beweglichen Köpfen verwendet man für alle Spuren einer Zone nur einen Schreib- und Lesekopf pro Platte. Die Spurauswahl erfolgt dann durch die Bewegung des Kopfes in die gewünschte Position. Zu der Zeit für das Auffinden des gewünschten Sektors kommt noch die Zeit für das Positionieren der Köpfe.

2.2.1.3 Sequentieller Zugriff

Bei Magnetbändern kann die Information, bedingt durch die Bewegung des Informationsträgers, nur in bestimmter Reihenfolge gelesen werden. Soll eine einmal gelesene Information nochmals gelesen werden, so muß das Band erst an die betreffende Stelle zurückbewegt werden. Ebenso kann die Information nur in fortlaufender Reihenfolge geschrieben werden. So ist z. B. das Ändern von Teilen der geschriebenen Information nur möglich, wenn diese insgesamt neu geschrieben wird. Verantwortlich sind hierfür die unvermeidlichen Toleranzen des Bandlaufes, vor allem dic Toleranz der Zeiten für das Starten und Stoppen des Bandes. Wegen dieser starren Reihenfolge spricht man von einem Speicher mit sequentiellem Zugriff.

Die Information wird in lückenlos aufsteigend numerierten Blöcken geschrieben. Die Länge kann häufig vom Programmierer (innerhalb gewisser Grenzen) frei gewählt werden. Übliche Längen sind ca. 100–200 Worte. Das erste und letzte Wort eines Blockes enthält die Blocknummer. Zum Auffinden einer bestimmten Informationsmenge muß bekannt sein, unter welchen Blocknummern diese abgelegt ist. Es wird dann Block für Block gelesen und die gelesene Blocknummer mit der gewünschten verglichen. Stimmen diese überein, so handelt es sich um den gewünschten Block.

Die meisten Geräte ermöglichen als zusätzlichen Komfort, die Information in umgekehrter Reihenfolge zu lesen, als sie geschrieben wurde (Rückwärtslesen). Um die Laufzeit eines Programmes möglichst gering zu halten, muß die Reihenfolge der Information beim Benutzen eines Speichers mit sequentiellem Zugriff sorgfältig gewählt werden.

2.2.1.4 Der inhaltadressierte Speicher (Assoziativspeicher)

Bisher wurde davon ausgegangen, daß der physikalische Ort der gewünschten Information, verschlüsselt durch die Adresse, bekannt ist. Beim inhaltadressierten Speicher ist dies nicht der Fall, sondern es wird auf Teile der gespeicherten Information selbst Bezug genommen. Dadurch ist es gleichgültig, an welchem Ort die Information abgelegt ist. Der Name Assoziativspeicher ist treffend gewählt, da der Vorgang sehr viel Ähnlichkeit mit dem Vorgang besitzt, den man gewöhnlich Gedankenassoziation nennt. Z. B. verbinden viele Leute mit dem Wort „Italien“ Begriffe wie Sommer, Sonne, Meeresstrand, Urlaub; mit einem Wort wird ein ganzes Stimmungsbild verknüpft.

Um die wesentlichen Merkmale des Assoziativspeichers zu beschreiben, kann man als Modell ein Telefonbuch benutzen. Eine Eintragung besteht gewöhnlich aus Name, Vorname, Beruf, Anschrift und Telefonnummer. Man kann dies als kleinste adressierbare Einheit ansehen. Bei der normalen Benutzung wird man zu einer bestimmten Person, gekennzeichnet durch Name und Vorname, deren Telefonnummer suchen. Man muß dazu in allen Eintragungen die Positionen, in denen Name und Vorname vermerkt sind, mit dem gegebenen Namen und Vornamen vergleichen. Bei Übereinstimmung ist die Suchbedingung erfüllt, und man kann der so gefundenen Eintragung die gewünschte Telefonnummer entnehmen. Die Eintragung liefert aber auch noch weitere Information z. B. die Anschrift. Es kann auch vorkommen, daß man mehrere Personen mit gleichem Namen und Vornamen findet. Man spricht dann von einer Mehrfachassoziation. Man kann dann z. B. den Vergleichsvorgang mit einer verfeinerten Suchbedingung durch Hinzunahme der Anschrift wiederholen, oder man nimmt zur Kenntnis, daß man mehrere Telefonnummern erhalten hat, von denen eine die gewünschte ist.

Der Mensch ist nicht in der Lage, den Vergleichsvorgang bei allen Eintragungen gleichzeitig durchzuführen. Damit die Suche abgekürzt wird, sind die Namen lexikografisch geordnet. Bei einem Speicher für Datenverarbeitungssysteme wird man jedes Speicherelement mit einer Vergleichseinrichtung versehen und die Vergleiche in allen Eintragungen gleichzeitig durchführen. Die Reihenfolge der Eintragungen ist dann tatsächlich ohne Bedeutung. Die lexikografische Anordnung ist nur zusätzlicher Komfort für den menschlichen Benutzer.

Die bisherigen Ausführungen kann man so interpretieren, daß die Adresse mit abgespeichert wird und nicht als Verschlüsselung des Ortes der Information aufgefaßt werden kann. Die Adressierung erfolgt durch Vergleichen mit den abgespeicherten Adressen. Damit wird aber nur ein Teil der Möglichkeiten des Assoziativspeichers ausgeschöpft. Beispielsweise kann das Telefonbuch auch dazu benutzt werden, um festzustellen, welcher Person eine gegebene Telefonnummer gehört, oder welche Personen in einem bestimmten Gebäude Telefonanschluß haben. Im ersten Fall ist das Vergleichskriterium die Telefonnummer, im zweiten Fall die Anschrift. Für den menschlichen Benutzer sind die letztgenannten Aufgaben nur deshalb schwieriger, weil er die Vergleiche nicht parallel ausführen kann und ihm hier die lexikografische Anordnung nichts nützt. Können bei einem maschinellen Speicher die Vergleiche parallel durchgeführt werden, so unterscheiden sich die verschiedenen Aufgaben nur durch andere Vergleichskriterien.

Da sich das assoziative Speicherelement durch die Vergleichsmöglichkeit von dem herkömmlichen Speicherelement unterscheidet, ist es komplizierter aufgebaut. Insbesondere erschwert das nicht zerstörungsfreie Lesen den Aufbau eines Assoziativspeichers. In neuerer Zeit eröffnet vor allem die Technologie der integrierten Halbleiterspeicher die Möglichkeit, Assoziativspeicher zu vertretbaren Preisen herzustellen. Sollte dies gelingen, so ist damit zu rechnen, daß dadurch die Entwicklung von Datenverarbeitungsanlagen nachhaltig beeinflußt wird.

2.2.2 Organisation von Speichermatrizen und Adreßdecodierung

Während bei Speichern mit bewegtem Informationsträger die Einstellung einer bestimmten Adresse durch die Bewegung des Informationsträgers und eventuell der Schreib- und Leseköpfe erreicht wird, erfolgt diese Einstellung bei Speichern mit ruhendem Informationsträger durch ein kombinatorisches logisches Netzwerk. Die Eingangsinformation für dieses Netzwerk ist die Adresse. Für jedes Wort muß ein eigener Ausgang vorhanden sein, der es ermöglicht, die zu diesem Wort gehörenden Speicherelemente anzusprechen. Man erhält so die Anordnung gemäß Abb. 2–10. Für jede Adresse ist genau ein Ausgang im Zustand 1, so daß eine umkehrbar eindeutige Zuordnung zwischen erregtem Ausgang (Ausgang im Zustand 1) und anliegender Adresse besteht.

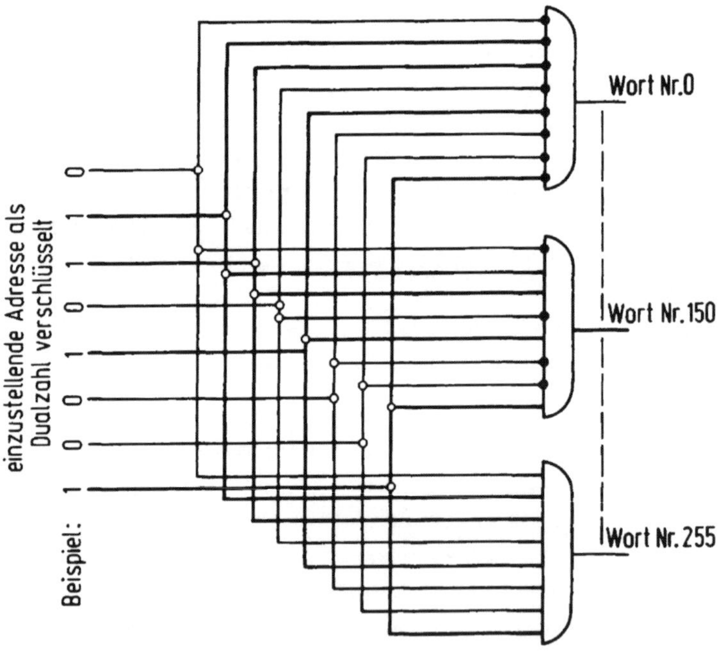

Abb. 2–10. Beispiel für eine Adreßdecodierung bei einem kleinen Speicher für 256 Worte. Die dick ausgezogenen Linien führen bei der angegebenen Adresse das Signal logisch 1.

Beim Schreiben müssen die Speicherelemente des adressierten Wortes entsprechend der zum Schreiben anliegenden Information in den Zustand 0 oder 1 gesetzt werden, während alle Speicherelemente der übrigen Worte unverändert bleiben müssen. Es muß daher eine Verknüpfung des zugehörigen Ausgangs der Adreßdecodierung mit der zum Schreiben anliegenden Information in jedem Speicherelement stattfinden. Jeder Ausgang der Adreßdecodierung führt dazu an alle Speicherelemente des Wortes (Wortleitungen), während jedes Bit der zu schreibenden Information an je ein Bit aller Worte führt (Bitleitungen). Man erhält damit eine zweidimensionale Anordnung (Matrix) aller Speicherelemente (vgl. Abb. 2–11 für einen kleinen Halbleiterspeicher), bei der eine Koordinate die Wortnummer und die andere Koordinate die Bitnummer innerhalb eines Wortes darstellt. Dieses Organisationsprinzip nennt man daher 2 D-Organisation der Speicherelemente. Zum Lesen sind die Ausgänge aller Speicherelemente, die zu der gleichen Bit-Nr. gehören, gemeinsam nach außen geführt. Durch die erregte Wortleitung wird bewirkt, daß die Information dieses Wortes außen anliegt. Dazu muß die Ausgangsinformation der Speicherelemente mit der Wortleitung verknüpft werden.

Wie bereits in Abschnitt 2.1.5 dargelegt wurde, bestehen die Speicherelemente bei integrierten Halbleiterspeichern aus Verknüpfungsgliedern. Die zusätzlichen Verknüpfungen für den Betrieb des Speichers können in der gleichen Schaltungstechnik ausgeführt werden. Bei Kernspeichern benutzt man zur Realisierung der logischen Verknüpfungen das Prinzip der Halbstrom-Koinzidenz. Dazu teilt man den zum Erzielen von H_M nötigen Strom I in zwei Halbströme $\frac{I}{2}$, die man in den beiden Koordinatenrichtungen (vgl. Abb. 2–12) durch alle Kerne einer Zeile bzw. Spalte führt.

Wird der Kern nur durch einen Halbstrom erregt, so reicht die Feldstärke nicht zum Ummagnetisieren aus. Nach dem Halbstromimpuls kehrt der Kern wieder in seinen ursprünglichen Magnetisierungszustand zurück. Wird ein Kern durch zwei Halbströme $\frac{I}{2}$ durchflossen, weil dessen Zeile und Spalte erregt wird, so addieren sich deren magnetische Wirkungen, und man erreicht die für das Ummagnetisieren nötige Feldstärke H_M (vgl. Abb. 2–13). Voraussetzung zur

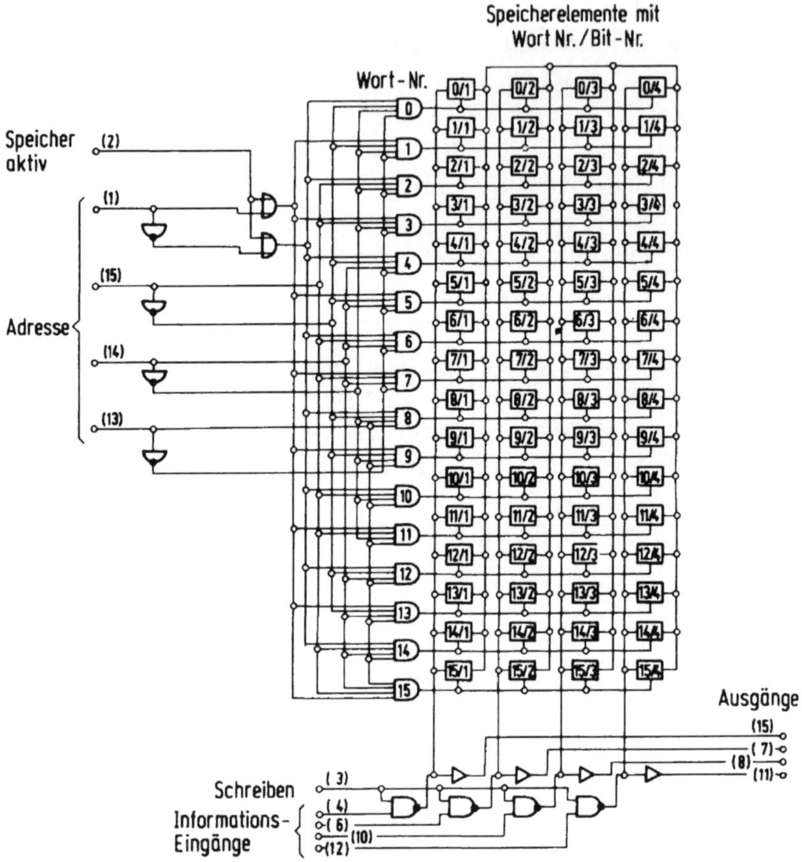

Abb. 2–11. Speichermatrix und Adreßdecodierung für einen kleinen integrierten Halbleiterspeicher. Die gesamte Anordnung befindet sich auf einem Halbleiterplättchen mit 16 Anschlüssen.

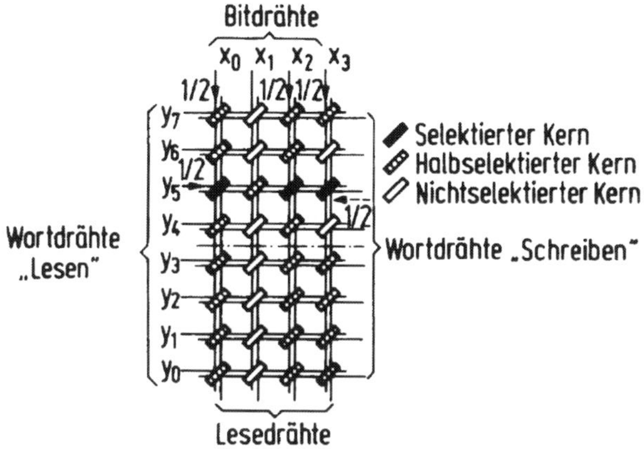

Abb. 2–12. Matrix mit acht Worten je vier Bit, Einschreiben des Wortes „10011"

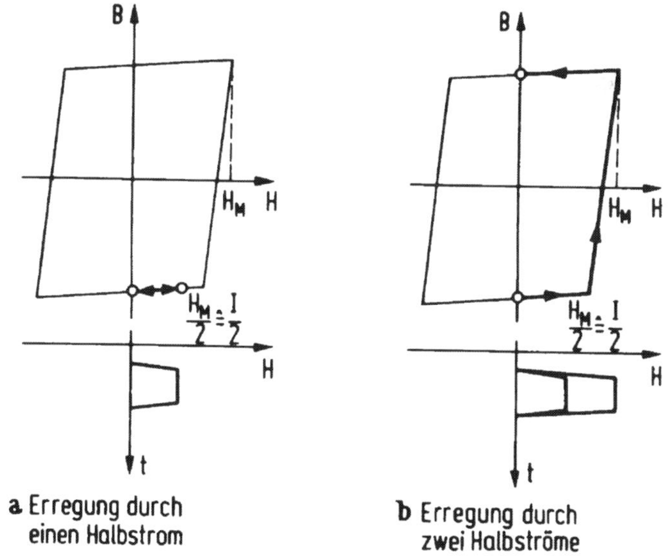

Abb. 2–13. Durchlaufener Teil der Hystereseschleife a) bei halbselektiertem und b) ganzselektiertem Kern

Benutzung des Koinzidenzprinzips ist, daß H_c nicht viel kleiner ist als H_M, d. h. daß die Hystereseschleife möglichst rechteckig ist.
Die 2 D-Organisation von Speichermatrizen eignet sich nur für kleine Speicher, da der Aufwand für die Adreßdecodierung sehr groß ist. Beachtet man, daß die Möglichkeiten der Halbstrom-Koinzidenz bei der 2 D-Organisation nur beim Schreiben voll ausgenutzt werden (beim Lesen führen alle Bitleitungen einen Halbstrom in Leserichtung, damit sich im angesteuerten Wort ein voller Leseimpuls in allen Kernen ergibt), so liegt der Gedanke nahe, durch eine andere Organisation der Speichermatrizen den Decodierungsaufwand zu verringern. Das heute hauptsächlich verwendete $2\frac{1}{2}$ D-System leistet dies und macht es im Gegensatz zu anderen Systemen nicht erforderlich, daß weitere Leitungen zu den Speicherelementen geführt werden. Bei Kernspeichern verursacht die Fädelung der Drähte einen erheblichen Teil der Kosten, so daß es ein wesentlicher Kostenvorteil ist, wenn nur drei und nicht vier Drähte durch jeden Kern gefädelt werden müssen. Bei integrierten Halbleiterspeichern verursacht die zusätzliche Unterbringung weiterer Leitungen ebenfalls erhebliche Kosten.
Abb. 2–14 zeigt die $2\frac{1}{2}$ D-Organisation am Beispiel einer Kernspeichermatrix.

Die Spalten werden in Bitgruppen entsprechend der Anzahl der Bits pro Wort eingeteilt. Zu jedem Wort gehört ein Kern aus jeder Bitgruppe. Die Auswahl eines Wortes geschieht dadurch, daß eine Zeile und gleichzeitig eine Spalte innerhalb jeder Bitgruppe ausgewählt wird. Soll für ein bestimmtes Bit Null eingeschrieben werden, so erfolgt keine Ansteuerung des Spaltendrahtes in dieser Bitgruppe, so daß die Kerne dieser Bitgruppe nur halbselektiert werden. Der Lesedraht wird durch alle Kerne einer Bitgruppe geführt.

Für die Decodierung der Adresse benötigt man je einen Decodierer zur Auswahl der Zeilen bzw. Spalten innerhalb einer Bitgruppe. Jeder dieser Decodierer verarbeitet einen getrennten Teil der Adresse; so können z. B. die hinteren Bits der Adresse zur Auswahl der Zeilen dienen. Die Zahl der adressierbaren Worte ergibt sich als Produkt der Zahl der Ausgänge der beiden Decodierer. Vor allem bei großen Speichern liegt die Ausgangszahl der Decodierer beträchtlich

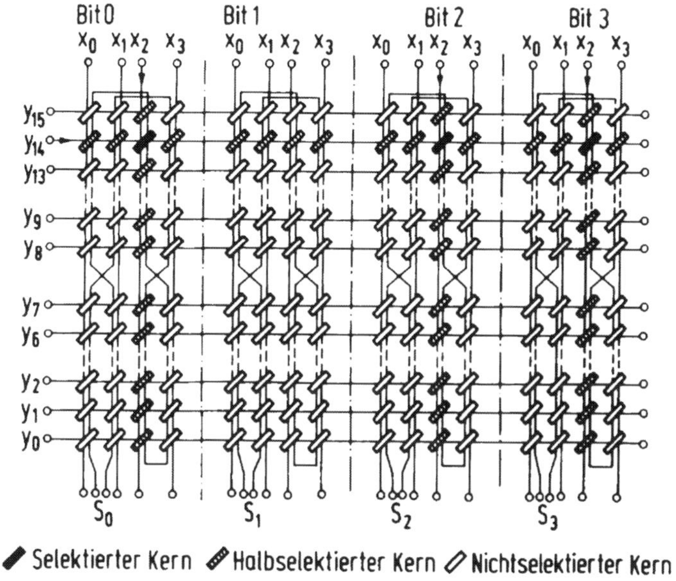

Abb. 2–14. $2\frac{1}{2}$ D-Organisation einer Speichermatrix mit 64 Worten zu je vier Bit. Im Beispiel wird „1011" in die Adresse zu (X_2, Y_{14}) eingeschrieben.

unter der Zahl der adressierbaren Worte. Trotzdem werden diese häufig nicht in der Anordnung gemäß Abb. 2–10, sondern mit mehrstufigen Verknüpfungsnetzwerken realisiert, da UND-Gatter mit einer großen Zahl von Eingängen teuer sind.

Die benötigte Kapazität für Arbeitsspeicher ist vielfach so groß, daß es sinnvoll ist, diese in mehrere Blöcke mit eigener Speichersteuerung zu zerlegen. Da die Blöcke getrennt voneinander betrieben werden können, ist es möglich, durch günstige Zuteilung der Adreßbereiche zu den einzelnen Blöcken die Arbeitsgeschwindigkeit beträchtlich zu erhöhen. Mit Ausnahme der Sprungbefehle werden die Befehle eines Programmes in der Reihenfolge ihrer Adressen ausgeführt. Wird das nächste Befehlswort aus einem anderen Speicherblock geholt, so kann dieser Vorgang bereits eingeleitet werden, während der gerade benutzte Speicherblock noch durch das Wiedereinschreiben gesperrt ist. Man ordnet daher zweckmäßig aufeinanderfolgende Adressen verschiedenen Blöcken zu. Diese Speicherverschränkung erreicht man, indem man die niedrigstwertigen Bits des Adreßteiles zur Blockauswahl verwendet. Nur die höherwertigen Bits werden zur Adressierung innerhalb des Blockes an diesen übergehen. Abb. 2–15 zeigt eine entsprechende Aufteilung des Adreßbereiches bei einem Adreßteil von 16 Bits.

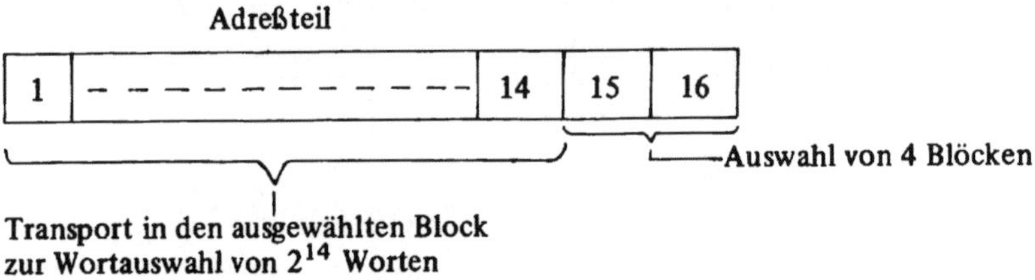

Abb. 2–15. Beispiel für die Aufteilung des Adreßbereiches bei Speicherverschränkung

Block Nr.	Adressenbereich
Block I	0, 4, 8, . . ., $2^{16}-4$
Block II	1, 5, 9, . . ., $2^{16}-3$
Block III	2, 6, 10, . . ., $2^{16}-2$
Block IV	2, 7, 11, . . ., $2^{16}-1$

2.2.3 Die Adressierung des Hauptspeichers durch den Adreßteil eines Befehles

Gewöhnlich gibt der Adreßteil eines Befehles direkt eine Hauptspeicheradresse an. Diese stellt die Adresse eines Operanden oder ein Sprungziel dar. Modifizierbefehle gestatten es, den Adreßteil abzuändern, um z. B. eine indizierte Adressierung von Speicherbereichen zu ermöglichen. Der durch Modifizierung abgeänderte Adreßteil verweist aber wiederum direkt auf ein Wort des Hauptspeichers. Bei dieser konventionellen Speicherorganisation ist die maximale Größe des Hauptspeichers durch die Länge des Adreßteiles – und damit durch die Länge eines Befehlswortes – bestimmt, da zwei verschiedenen Worten des Hauptspeichers auch zwei verschiedene Adreßteile entsprechen müssen. Damit sind bei großen Hauptspeichern zwei Schwierigkeiten verbunden.

a) Die Adressierung des gesamten Speicherraumes erfordert eine bestimmte Länge des Adreßteiles und damit des gesamten Befehlswortes, obwohl innerhalb eines einzelnen Programmstückes die Adressen erfahrungsgemäß relativ gering streuen.

b) Der Multiprogramming-Betrieb bei modernen Großrechnern verlangt eine Verwaltung des Hauptspeichers durch das Betriebssystem. Dies erfordert Vorkehrungen, daß ein Programm an jeder beliebigen Stelle im Speicher lauffähig gemacht werden kann. Da es ferner erforderlich ist, daß ein Programm einen Adressenbereich lückenlos zugewiesen bekommt, so entstehen bei mehreren gleichzeitig im Speicher befindlichen Programmen, die nicht gleichzeitig beendet werden, Lücken im Speicher, die nicht belegt werden können.

Einen Teil der Schwierigkeiten kann man z. B. dadurch beheben, indem man in einem besonderen Register eine Basisadresse zur Verfügung hat und vereinbart, daß die Adresse in einem Befehlswort nur den Zuwachs (Inkrement) zur Basisadresse bedeutet. Nicht möglich ist dadurch aber das Auffüllen von Lücken zwischen mehreren Programmen im Speicher.

Um auch die Möglichkeit zu schaffen, die Lücken im Speicher besser zu nutzen, teilt man den Adreßbereich eines Programmes in einzelne Teile von fest vorgegebener Länge (Seiten, pages) und fordert, daß nur eine Seite (nicht aber das ganze Programm) einen lückenlosen Adreßbereich im Speicher umfaßt. Bezieht man den Adreßteil eines Befehlswortes stets auf eine Basisadresse z. B. den Programmanfang, so muß beim Übergang von einer Seite zur anderen die Basisadresse entsprechend der gegenseitigen Verschiebung der Seiten im Speicher geändert werden. Wird diese Änderung von Hardware und Software automatisch durchgeführt, so spricht man von Paging. Dies eröffnet auch die Möglichkeit, Programme zu bearbeiten, die länger als der zur Verfügung stehende Speicher sind.

In Systemen, die Paging benutzen, bedeutet der Adreßteil eines Befehles keine direkte Speicheradresse, sondern eine Position in einem virtuellen Adreßraum, aus der durch einen Ersetzungsmechanismus über Zuordnungstabellen die tatsächliche Speicheradresse ermittelt wird. Da es denkbar ist, daß Seiten sich nicht ständig im Hauptspeicher befinden, sondern erst bei Bedarf von einem Sekundärspeicher (Trommel, Platte) in den Hauptspeicher geladen werden, kann man Programme schreiben, die länger als der zur Verfügung stehende Hauptspeicher sind. Es ist also denkbar, daß der virtuelle Adreßraum in einem Programm größer als der vorhandene Hauptspeicher ist. Man spricht daher auch von dem Konzept des virtuellen Speichers.

Zu jedem in Bearbeitung befindlichen Programm muß eine Zuordnungsliste zwischen den Seiten des Programmes und den physikalischen Seiten im Speicher durch das Betriebssystem geführt werden. Abb. 2–16 stellt den Ersetzungsmechanismus schematisch dar. Damit die Anzahl der benötigten Speicherzugriffe nicht verdoppelt wird (Zugriff in Seitenzuordnungstabelle und Zugriff zu dem gewünschten Wort), werden die zuletzt benötigten Zuordnungen in besonderen Registern gespeichert. Da Zugriffe häufig auf die gleichen Seiten erfolgen, ist es meist nicht nötig, die Seitenzuordnungstabelle direkt anzusprechen.

Es ist nicht erforderlich, die Länge des Adreßteiles eines Befehles so zu wählen, daß die gesamte virtuelle Adresse dargestellt werden kann. So kann man z. B. bei einer Länge der virtuellen Adresse von 22 Bit Adreßbereiche von 16 Bit für die Befehlsworte verwenden und die nötigen 6 Bit zur Ergänzung auf die volle virtuelle Adresse in besonderen Registern speichern. Übergänge von einem der 64 möglichen Adreßbereichen zu einem anderen sind durch Modifizierbefehle möglich, müssen jedoch vom Programmierer besonders berücksichtigt werden. Dieser Umstand fällt jedoch nicht ins Gewicht, da diese Übergänge bei entsprechend großen Adreßbereichen in vielen Programmen nicht nötig sind.

Literatur

Bürger, Erich: Informationsspeicher für Datenverarbeitung und Rechentechnik. Braunschweig 1970.

Klar, Rainer: Digitale Rechenautomaten. Berlin 1970.

Tafel, Hans Jörg: Einführung in die digitale Datenverarbeitung. München 1971.

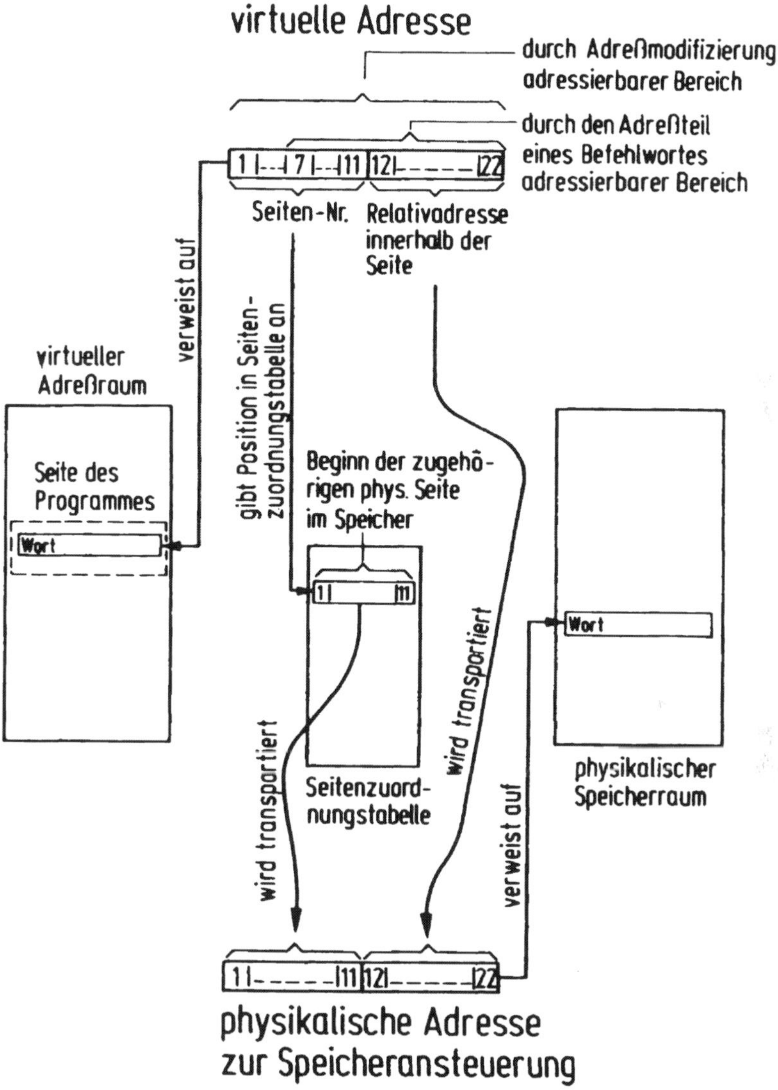

Abb. 2–16. Schematische Darstellung des Paging-Konzeptes. Die angegebenen Adreßlängen stellen Beispiele dar.

3. Systemarchitektur von Rechenanlagen

Von Ludwig Hieber

3.1 Einführung

Aus einer Reihe von Gründen, z. B. Arbeitsteilung, kürzere Entwicklungszeit, leichtere Wartung, ist es zweckmäßig, Hardware und Software von Rechenanlagen bausteinartig aufzubauen. Beim Entwurf der Hardware einer Rechenanlage kann beim heutigen Stand der Technologie von Bausteinen mit umfangreichen Funktionen ausgegangen werden. Hersteller von integrierten Schaltungen bieten immer mehr Bausteine an, deren Funktionen mit zunehmendem Integrationsgrad komplexer werden. Erst wenn solche Baugruppen die gestellten Anforderungen nicht erreichen, werden eigene Entwicklungen notwendig.

Auch die Entwicklung der Systemsoftware und Anwendungssoftware bedarf einer Unterteilung in einzelne Module. Mit der Einführung der Mikroprogrammtechnik ist die scharfe Trennung zwischen Software und Hardware nicht mehr vorhanden. Teile der systemnahen Software werden mit Vorteil als Mikroprogramme ausgeführt. Damit ergibt sich die Möglichkeit, in einem gewissen Bereich *Moduln wahlweise zu realisieren.*

Unter dem Eindruck einer Vielfalt von Hardware- und Software-Bausteinen und deren Beziehungen untereinander wurde der Begriff der Systemarchitektur geprägt. In der Systemarchitektur kommt die Gesamtheit der Systemeigenschaften einer Datenverarbeitungsanlage zum Ausdruck, die letztlich auf der Struktur der Hardware aufgebaut ist.

Ein Rückblick in die Historie der Entwicklung von Rechenanlagen zeigt, daß bereits im Jahre 1830 die Konzipierung der automatischen Ausführung von numerischen Rechnungen durch *Ch. Babage* [1] angegeben wurde. Die Wiedererfindung solcher Maschinen ein Jahrhundert später durch *K. Zuse* führte zur Konstruktion der ersten

Rechenanlage. Das eigentliche Systemkonzept ist bis heute fast unverändert geblieben.

Entscheidende Erweiterungen ergaben sich durch Einführung der Speicherprogrammierung im Jahre 1945 durch *J. von Neumann*. Nach diesem Konzept haben heutige Datenverarbeitungsanlagen nach wie vor eine Struktur, in der es einen Speicher, eine Verarbeitungseinheit, eine Steuerung und Ein-Ausgabegeräte gibt. Erweitert wurde dieses Konzept durch den Anschluß einer Vielfalt von peripheren Geräten und durch Möglichkeiten, die gesamte Anlage besser auszunutzen. So wurde 1957 die Programmunterbrechung eingeführt, die eine überlappte Bearbeitung mehrerer Programme ermöglicht. Mit dieser Mehrprogrammverarbeitung wurde es möglich, den Geschwindigkeitsunterschied zwischen den E/A-Geräten und der Zentraleinheit auszunutzen. Die Benutzerfreundlichkeit der Rechenanlage konnte durch die Einführung der Teilnehmersysteme entscheidend verbessert werden. Dabei wird durch Zuweisung von Bearbeitungszeitscheiben der Zentraleinheit in regelmäßigen kurzen Abständen an eine größere Anzahl von Benutzern an Terminals der Eindruck erweckt, als ob jedem einzelnen Benutzer die Anlage allein zur Verfügung stünde.

Die enorme Steigerung der Leistungsfähigkeit der Datenverarbeitungsanlagen während der 3 Jahrzehnte seit der Konstruktion der ersten Anlage ist weitgehend auf den Fortschritt der Technologie der Bauelemente zurückzuführen. In dieser Zeit sind drei sog. Computergenerationen entstanden.

- Die 1. Generation (ca. 1946) ist gekennzeichnet durch die Verwendung von Röhren. Die damit erreichbare Additionszeit lag etwa bei 0,6 ms.

- In der 2. Generation (ca. 1957) wurden die Röhren ersetzt durch Transistoren. Die Additionszeiten sanken auf etwa 100 μs.

- Ab 1964 wurde in der 3. Generation der Einsatz von integrierten Schaltkreisen möglich. Die Additionszeit sank auf einige Mikrosekunden.

In Abb. 3–1 ist die Verkürzung der Additionszeiten ab 1950 graphisch dargestellt. Entsprechend dem Fortschritt in der Technologie der Bauelemente ist ein erheblicher Preisvorteil entstanden.

In Abb. 3–2 ist der Preis in DM für 10^6 Rechenoperationen für den gleichen Zeitraum aufgetragen.

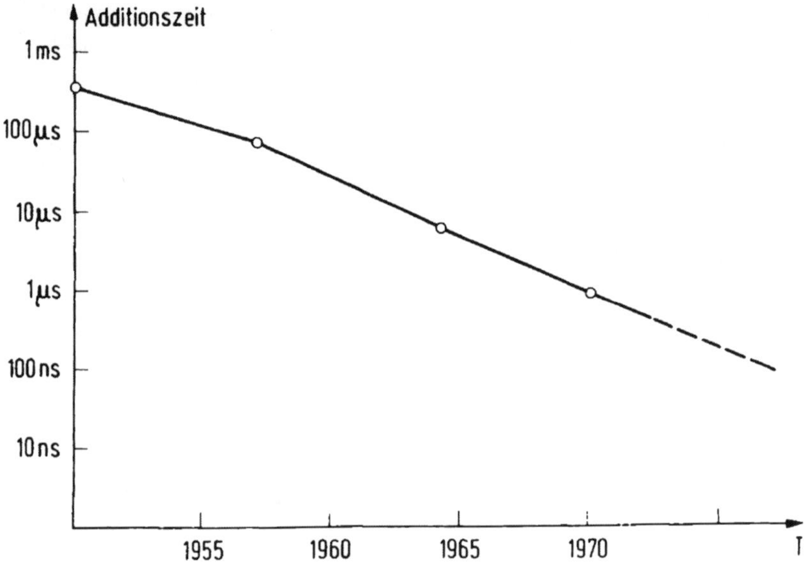

Abb. 3–1. Verkürzung der Additionszeit seit 1950

Das Problem beim Entwurf der Hardware von Rechenanlagen besteht heute z. T. darin, die vielfältigen Möglichkeiten vorgegebener Bausteine in übergeordnete Gesichtspunkte einzuordnen. Solche übergeordneten Gesichtspunkte widersprechen sich teilweise:

- Hohe Verarbeitungsgeschwindigkeit
- Zuverlässigkeit
- Benutzerfreundlichkeit
- Wirtschaftlichkeit
- universell verwendbar
- Verträglichkeit mit anderen Anlagen.

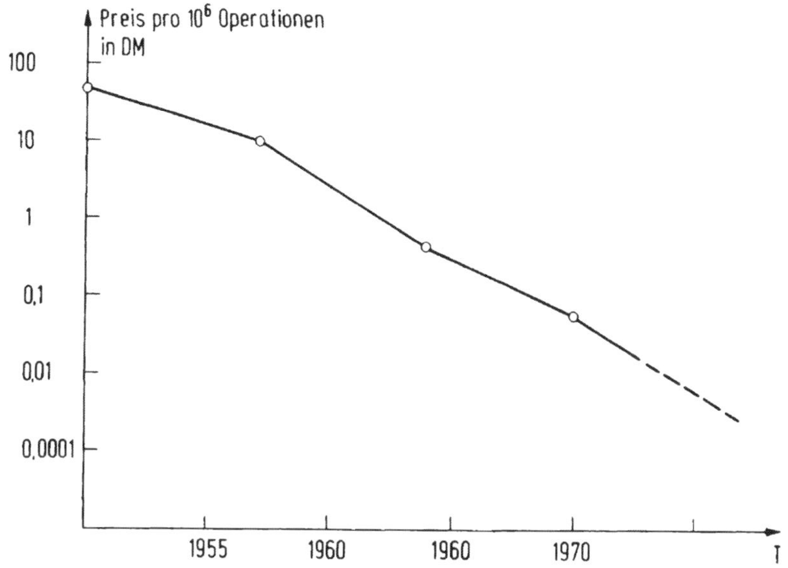

Abb. 3–2. Preis pro 10^6 Operationen (Mietpreis) seit 1950

Die Berücksichtigung von Entwurfskriterien, deren Gewichtung nur unscharf angehbar ist, läßt eine große Anzahl verschiedener Lösungen zu. Ein guter Entwurf setzt Erfahrungen in der logischen Struktur, in der Systemsoftware und in Anwendungssystemen voraus.

3.2 Grundprinzipien der Systemarchitektur

Zur Realisierung vorgegebener Entwurfskriterien ist die Entscheidung über grundsätzliche Verarbeitungsmerkmale notwendig. So muß festgelegt werden, wie Zahlen und Zeichen intern darzustellen sind, ob sie seriell oder parallel verarbeitet werden sollen, welche maximale Anzahl von Befehlen vorzusehen ist, wie groß der direkt adressierbare Hauptspeicherumfang ist oder wie z. B. die Ein/Ausgabeoperationen abgewickelt werden sollen. Einige solcher Grundprinzipien sind in den folgenden Abschnitten beschrieben.

3.2.1 Wortlänge und Befehlsvorrat

Bei der Festlegung der Wortlänge (z. B. der Anzahl an Stellen in einem Zahlwort) wird zweckmäßigerweise davon ausgegangen, daß in einem Wort Befehle oder Operanden untergebracht werden können. Da der Hauptspeicher einen erheblichen Teil der Anlagekosten verursacht, wird man versuchen, durch die Wahl einer geeigneten Wortlänge die Ausnutzung möglichst gut zu machen. Die Wortlänge ist nicht nur für den Hauptspeicher entscheidend, sondern für den Aufbau der gesamten Anlage, wie etwa dem Rechenwerk oder der Auslegung der Daten und Informationswege.

Die Wortlänge bei Festkommazahlen und Gleitkommazahlen hängt von der geforderten Genauigkeit ab. Bei technisch-wissenschaftlichen Anwendungen ist die daraus resultierende Wortlänge so groß, daß mehr als ein Befehl in einem Wort untergebracht werden kann (z. B. bei der Anlage TR 440 von TELEFUNKEN COMPUTER: 48 bit Wortlänge und 2 Befehle pro Wort).

Für kommerzielle Anwendungen werden häufig kürzere Wortlängen verwendet (z. B. Anlagen der Fa. IBM mit 32 bit), ebenso bei Prozeßrechnern. Werden arithmetische Operationen mit höherer Genauigkeit erforderlich, so kann hier auf die Verarbeitung doppelter oder mehrfacher Wortlängen übergegangen werden. Für eine günstige Ausnutzung des Hauptspeichers bei Zeichenverarbeitung ist notwendig, daß die gewählte Wortlänge ein Mehrfaches einer Zeichenlänge (6 bzw. 8 bit) beträgt. Die notwendige Länge der Befehle ergibt sich aus Operations- und Adreßteil. Der Operationsteil ist üblicherweise nicht größer als 8 bit. Damit sind 256 verschiedene Befehle unterscheidbar. Entsprechend dem Befehlsvorrat kann man mit einem kleineren Operationsteil auskommen (vgl. Abb. 3–3).

Der Adreßteil richtet sich nach der Größe des zu adressierenden Hauptspeichers. Bei 16-bit Adreßlänge können z. B. $2^{16} = 65.535$ verschiedene Worte unterschieden werden. Der Aufwand für das Abspeichern der Adressen ist erheblich. Dieser Aufwand kann durch Verwendung von Bezugsadressen (Basisadressen) oder des Seitenwechselverfahrens verringert werden.

Operationsteil	Adress-Teil

Abb. 3–3. Aufbau eines Befehls mit einem Adreßteil

Es ist möglich, in einem Befehl mehrere Adressen vorzusehen. Gegenüber Einadreßbefehlen kann damit die absolute Anzahl von Befehlen in einem Programm verringert werden. Eine Addition mit Ablage des Ergebnisses an vorgebbarer Stelle im Hauptspeicher kann z. B. mit einem Befehl ausgeführt werden, wenn neben den Operandenadressen die Ergebnisadresse im gleichen Befehl untergebracht ist. Solche Mehradreßbefehle führen zu einer schlechten Hauptspeicherausnutzung, wenn bei bestimmten Operationen nicht alle Adressen benötigt werden.

Selbst für kleine Datenverarbeitungsanlagen wird man einen universellen Befehlsvorrat vorsehen. Je nach dem Schwerpunkt des geplanten Einsatzes ist es zweckmäßig, weitere Befehle zu verwirklichen mit dem Ziel, die Verarbeitungsgeschwindigkeit insgesamt zu erhöhen, Z. B. Tabellenlesebefehle, Gleitkommaarithmetik, Befehle für Wortgruppentransport oder Befehle, die es gestatten, gegebene spezifische Hardware-Eigenschaften auszunutzen.

Häufig wird die Festlegung des Befehlsvorrates dadurch beeinflußt, daß bereits vorhandene Programme von anderen Anlagen zum Ablauf gebracht werden müssen. Das Konzept der Mikroprogrammsteuerung (vgl. Abschnitt 3.3) erlaubt es, über beschreibbare Mikroprogrammspeicher den Befehlsvorrat zumindest teilweise zu verändern. Damit ist es im Prinzip möglich, für bestimmte Abläufe, z. B. Übersetzungsprogramme, spezifische Befehle zu generieren, die zu einer erheblichen Leistungssteigerung führen können.

3.2.2 Synchroner, asynchroner Betrieb

Synchroner Betrieb eines Schaltwerks liegt vor, wenn über einen zentralen Takt, der durch eine elektronische Taktgeberschaltung erzeugt wird, sämtliche Operationen ablaufen. Sämtliche Operationen sind an den zentralen Takt gebunden. Der Ablauf einer Operation läßt sich in Vielfachen einer Taktperiode angeben. Nachteilig sind die z. T. entstehenden Totzeiten, falls die Verknüpfungen schneller als eine Taktzeit (oder ein Vielfaches davon) durchgeführt werden können.

Als Vorteil des synchronen Betriebes ergibt sich die größere Übersichtlichkeit beim Ablauf komplexer Operationen, weil Zustandsänderungen nur zu bestimmten Zeiten, nämlich der Taktzeit, angestoßen werden.

Beim reinen *asynchronen Betrieb* laufen die Operationen ohne Takt ab. Die einzelnen Operationen bestimmen ihren Zeitablauf selbst und geben nach Beendigung ein Signal ab, das den nächsten Operationsablauf anstoßen kann. Als Vorteil der asynchronen Arbeitsweise gilt der schnellere Ablauf der Operationen. Totzeiten können vermieden werden. Die Operationszeiten hängen häufig von den Operanden ab und sind außerdem vom Toleranzenzustand der Schaltkreise beeinflußt. Der asynchrone Ablauf ist wesentlich unübersichtlicher und führt bei der Fehlersuche zu größeren Schwierigkeiten. Durch eine Mischung von synchronem und asynchronem Betrieb lassen sich ein ausreichend übersichtlicher Ablauf und gesteigerte Geschwindigkeit erreichen.

3.2.3 Rechenwerk

Die Aufgabe des Rechenwerkes ist die Durchführung von arithmetischen und logischen Operationen. In Anlehnung an den englischen Sprachgebrauch ist wegen der Doppelfunktion des Rechenwerkes auch der Begriff Prozessor gebräuchlich.

Alle arithmetischen Grundoperationen lassen sich auf Addition, Komplementbildung und Schiebeoperationen zurückführen.

Die Operationen des Rechenwerkes können seriell oder parallel ablaufen. Die serielle Verarbeitung erfordert weniger Aufwand, jedoch sind die Operationszeiten verhältnismäßig lang. Dezimale serielle Verarbeitung findet man häufig bei elektronischen Tischrechnern. Mit größerem Aufwand kann durch parallele Verarbeitung aller Stellen eine wesentlich kürzere Operationszeit erreicht werden. Wegen des geringeren Schaltungsaufwandes gegenüber der Darstellung von Zahlen im Dezimalsystem wird die duale Darstellung von

Zahlen bevorzugt. In der Abb. 3–4 sind zwei Bausteine für duale Addition dargestellt. Solche Bausteine sind im Handel erhältlich.

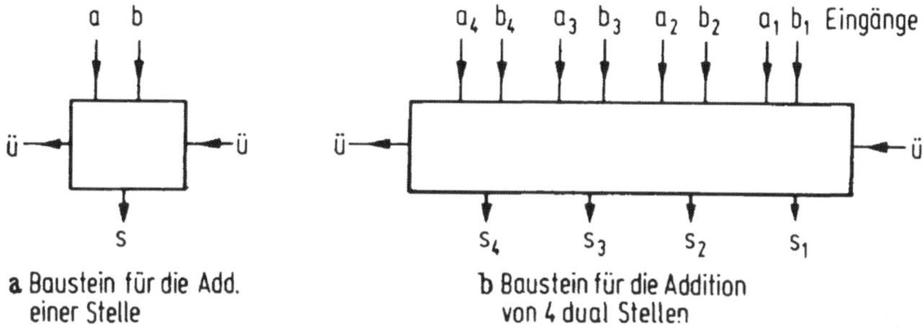

Abb. 3–4. Bausteine für duale Addition

Die Schaltungen der Bausteine lassen sich über die zugehörige Wertetabelle und Schaltfunktion bestimmen (vgl. Abschnitt 1). Den Hauptteil der Zeit für die Durchführung der Paralleladditionen nimmt die Bildung des Übertrages in Anspruch. Im ungünstigsten Falle wandert der Übertrag von der niederwertigsten zur höchsten Stelle. Dieser durchlaufende Übertrag kann durch direkte Bildung aus dem Operanden vermieden werden. Der dazu nötige Aufwand steigt mit der Anzahl der Stellen.

3.2.4 Hauptspeicher

Zur Ausnutzung der hohen Verarbeitungsgeschwindigkeit des Rechenwerkes ist ein schneller Zugriff zum Hauptspeicher notwendig. Ein günstiges Verhältnis ist dann gegeben, wenn die Zugriffszeit etwa so groß ist wie die Ausführungszeit der einfacheren Befehle. Damit ist gewährleistet, daß dem Rechenwerk genügend schnell neue Befehle und Operanden zugeführt und die Ergebnisse abgespeichert werden können.

Der Hauptspeicher wird über ein Adreßregister angesprochen. Ein weiters Register dient zur Aufnahme der Information beim Lesen aus dem Speicher bzw. zum Bereitstellen von Information beim Einschreiben. Über diese beiden Register ist der Hauptspeicher zu benutzen, vgl. Abb. 3–5. Die physikalischen Grundlagen sind im Abschnitt 2 beschrieben.

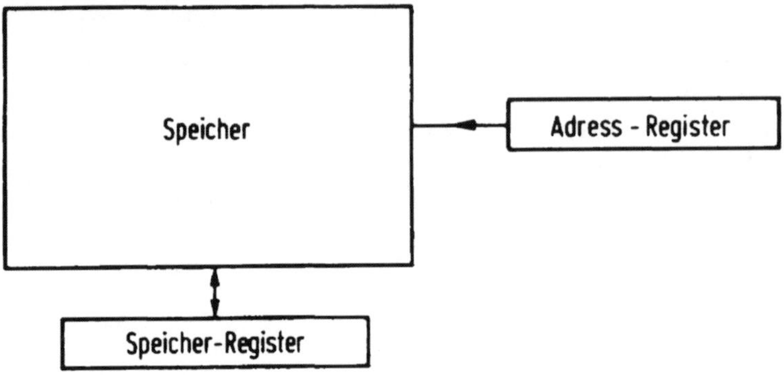

Abb. 3–5. Benutzung des Hauptspeichers

Die Funktionen des Hauptspeichers liegen in der Speicherung der Befehle und Daten, die verarbeitet werden sollen, der Benutzung als Pufferspeicher für Ein/Ausgabe-Operationen und zur Aufnahme von Funktionen des Betriebssystems. Beim Entwurf des Hauptspeichers lassen sich folgende wesentlichen Problemkreise angeben:

- Stufenförmige Ausbaufähigkeit
- Speicherschutz für Mehrprogrammbetrieb
- Mehrfacher Zugriff (Speicherverschränkung)
- Unterscheidung des Speicherinhaltes nach verschiedenen Typen (Befehle, Zeichen, Zahlwörter)
- Adressierungssysteme mit geringem Aufwand für Adreßteile (Seitenwechselverfahren)
- Vermeidung von Zugriffskonflikten
- Vorkehrungen für die Speicherverwaltung bei Mehrprogrammbetrieb

Wegen der zentralen Funktion des Hauptspeichers kommt der Auslegung der Daten- und Steuerwege zu den übrigen Teilen der Anlage besondere Bedeutung zu. Die Struktur der Verbindungswege sollte so ausgelegt werden, daß alle Baugruppen, die den Hauptspeicher benutzen, mit voller Geschwindigkeit arbeiten und mit möglichst geringerer gegenseitiger Beeinflussung zugreifen können.

3.2.5 Das Kanalkonzept

Der Betrieb von Ein-/Ausgabegeräten wird über Steuereinheiten (Zwischen- bzw. Anpaßelektronik) von Kanälen gesteuert und überwacht. Das Rechenwerk wird damit von der Aufgabe entbunden, direkt mit den Ein-/Ausgabegeräten in Verbindung zu treten. Nur der Anstoß einer E/A-Operation wird vom Rechenwerk durchgeführt, so daß danach mit der weiteren Programmverarbeitung forgefahren werden kann. Nach dem Anstoß durch das Rechenwerk wickelt der Kanal die Steuerung und Kontrolle des E/A-Vorgangs ab. Diese Aufteilung zwischen Rechenwerk und Kanal bildet die Grundlage für die Mehrprogrammverarbeitung.

Zur Anpassung an die verschiedenen E/A-Einheiten hat es sich als zweckmäßig herausgestellt, auch hier den bausteinartigen Aufbau zu verwirklichen. Dazu dient die Einführung einer einheitlichen Kanalschnittstelle. Die verschiedenen E/A-Einheiten werden über eine Steuereinheit an die Schnittstelle angeschlossen. Die Steuereinheit übernimmt die spezifische Steuerung und Kontrolle des E/A-Gerätes und übergibt sie an die Kanalschnittstelle. Für jede Geräteart ist eine eigene Steuereinheit nötig, die so ausgelegt sein kann, daß mehrere Geräte derselben Art daran betrieben werden können. Auch die Kanalschnittstelle kann so ausgebildet werden, daß an einem Kanal mehrere Steuereinheiten angeschlossen werden können. Dieses Konzept läßt eine große Flexibilität beim Anschluß der verschiedenartigsten Gerätetypen zu. In Abb. 3–6 ist als Beispiel der Anschluß verschiedenartiger Geräte dargestellt. Im Abschnitt 3.2.8 wird erläutert, daß die Kanalwerke auch als E/A-Prozessoren ausgebildet werden können.

Die Steuerung und Kontrolle der E/A-Vorgänge erfordern neben den Datenwegen Baugruppen zur Durchführung logischer und arithmetischer Operationen. Ausgehend von den Eigenschaften der E/A-Geräte ist es zweckmäßig, Informationen grundsätzlich blockweise

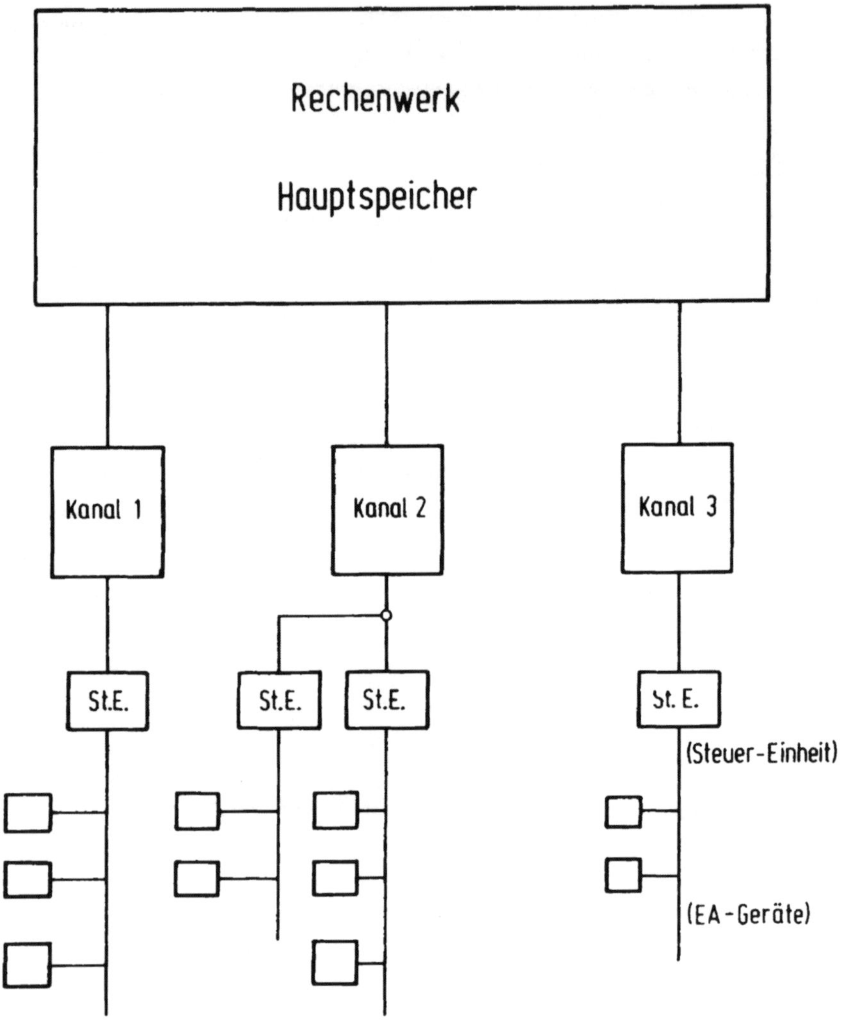

Abb. 3–6. Ein-Ausgabe Hierarchie

zu übertragen. Zur Kontrolle, ob ein Block vollständig übertragen worden ist, müssen z. B. die Zeichen gezählt werden.

Wenn Kanal und Rechenwerk keine gemeinsamen Baugruppen benutzen, so spricht man von unabhängigen Kanälen. Integrierte (abhängige Kanäle) benutzen Teile der Zentraleinheit, z. B. Teile des Rechenwerks zur Abwicklung ihrer Aufgaben.

Ob ein Kanal unabhängig oder mit dem Rechenwerk integriert zu verwirklichen ist, hängt von der zu übertragenden Datenmenge je Zeiteinheit ab. Unabhängige Kanäle sind aufwendig, ermöglichen jedoch ein Maximum an Datentransfer.

3.2.6 Zugriffskonflikte

Mit der Unterteilung einer Rechenanlage in weitgehend autonome Moduln entstehen unkoordinierte Zugriffswünsche. Zwischen den Moduln werden Daten transportiert und Steuerinformationen übertragen. Ist ein Modul durch einen Transport belegt, so kann nicht gleichzeitig ein Transportwunsch eines anderen Moduls realisiert werden. Durch einen solchen Zugriffskonflikt entstehen Wartezeiten und damit eine Leistungsminderung.

Für den Konfliktfall müssen Regeln für die Zugriffsreihenfolge festgelegt werden. Zugriffswünsche, die nicht sofort erfüllt werden können, kann man sich in eine Warteschlange eingereiht denken. Für die Bedienung aus der Warteschlange können verschiedene Kriterien vereinbart werden, z. B.

- Jedem Modul ist eine Priorität zugeordnet, die Bedienung erfolgt gemäß der Priorität,
- die Zugriffswünsche werden in der Reihenfolge ihrer Ankunft bedient,
- die Zugriffswünsche werden in umgekehrter Reihenfolge ihrer Ankunft bedient,
- Die Bedienungsreihenfolge ist zufällig.

Für die Realisierung dieser Modelle sind entsprechende Hardware- und Software-Einrichtungen notwendig.

3.2.7 Programmunterbrechungen

Zum Ausgleich des Geschwindigkeitsunterschiedes zwischen E/A-Operationen und interner Verarbeitungsgeschwindigkeit wurde der

Mehrprogrammbetrieb eingeführt (vgl. Band 1, Abschnitt 2). Durch die überlappte Bearbeitung von Programmen treten beim Enden von E/A-Vorgängen Programmunterbrechungen auf. Dabei muß der Zustand des laufenden Programmes abgespeichert werden, damit später an derselben Stelle die Bearbeitung fortgesetzt werden kann. Es gibt noch andere Ereignisse, die eine Programmunterbrechung nach sich ziehen, z. B.

- Hardware-Fehler
- Zahlenbereichsüberschreitung
- unzulässiger Operationscode (nicht zugelassener Befehl)
- Stromausfall

Nach Eintreffen eines Unterbrechungssignals kann das Ende des gerade laufenden Befehls abgewartet werden, bevor die Unterbrechung wirksam wird. Eine Unterbrechung innerhalb eines Befehlsablaufs würde nach sich ziehen, daß außerdem der Zustand der Mikroprogrammsteuerung abgelegt werden muß.

Eine Beschleunigung der Programmunterbrechung kann dadurch erzielt werden, daß die betroffenen Register doppelt vorgesehen werden. Damit kann die Zeit für das Einräumen der Register für das rechenbereite Programm eingespart werden (vgl. auch Band 1, Abschnitt 8).

3.2.8 Modularität, Zuverlässigkeit

Die Komplexität von Datenverarbeitungsanlagen erzwingt Unterteilung in einzelne Funktions- bzw. Baugruppen. Der modulare Aufbau von Hardware und Software bringt insbesondere folgende Vorteile:

- Kürzere Entwicklungszeit durch gleichzeitige Bearbeitung verschiedener Moduln
- bessere Übersichtlichkeit
- einfacher bei Fehlersuche.

Für die Fehlererkennung und Fehlerlokalisierung sind in einer Rechenanlage besondere Vorkehrungen notwendig. Die Datenwege können dadurch überprüft werden, daß jeweils zusätzliche redundante Informationen mit übertragen werden. Am Ende der Übertragung lassen sich damit Vollständigkeitsprüfungen durchführen, z. B. Paritätskontrolle. Durch Abspeichern von redundanten Informationen im Hauptspeicher lassen sich beim Lesen Fehlerkontrollen und Fehlerkorrekturen durchführen. Auch bei der Ausführung von Befehlen können Kontrollen vorgesehen werden. Beim Auftritt eines Fehlers kann durch Wiederholen des Lesevorgangs, des Datentransports oder der Mikroinstruktion eine Beseitigung des Fehlers versucht werden. Für Wartungsarbeiten ist es nützlich, wenn alle aufgetretenen Fehler aufgezeichnet werden und damit zur Analyse über Fehlerprüfprogramme zur Verfügung stehen.

In Abb. 3–7 ist der modulare Aufbau der Hardware einer Datenverarbeitungsanlage dargestellt. (Entspricht etwa der Anlage IBM/370-125.) Die E/A-Kanäle sind hier als identische unabhängige E/A-Prozessoren ausgebildet. Alle Prozessoren werden über teilweise ladbare Mikroprogramme gesteuert. Die Anpassung an verschiedene E/A-Geräte wird durch Zuladen eines entsprechenden Mikroprogramms hergestellt. Der Zugriff der einzelnen Prozessoren zum

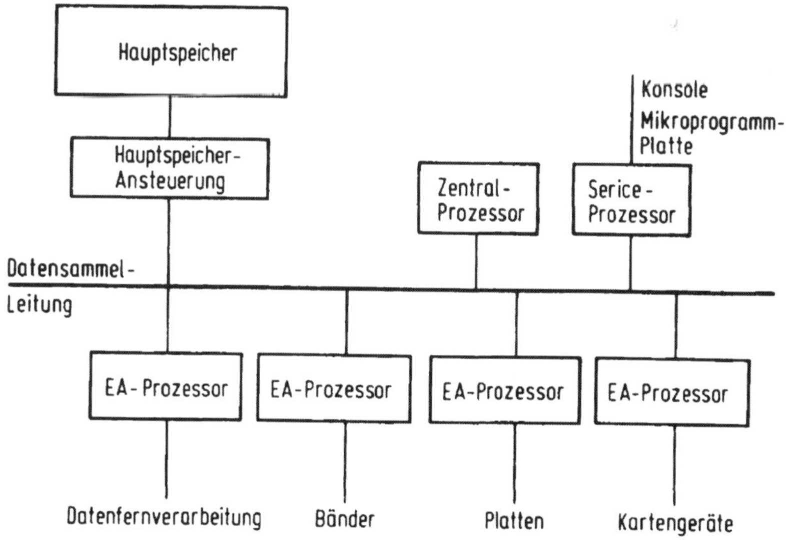

Abb. 3–7. Modularer Aufbau einer Datenverarbeitungsanlage

Hauptspeicher erfolgt über die Hauptspeicheransteuerung. Der Hauptspeicher bildet den zentralen Punkt, an dem die unabhängigen Aktivitäten der einzelnen Prozessoren koordiniert werden müssen. Die eigentliche Datenübertragung von und zu den Prozessoren und die Prioritätensteuerung erfolgen ebenfalls unter der Kontrolle der Hauptspeicheransteuerung. Ein besonderer Service-Prozessor übernimmt Verwaltungsaufgaben innerhalb des Systems, wie z. B. Systemstart, Laden der Mikroprogramme, Unterstützung der Konsole, Unterstützung bei Fehlererkennung und Fehlersuche.

3.3 Mikroprogrammsteuerung

In den ersten Jahren der Rechnerentwicklung war der Entwurf der Kontroll-Logik an Improvisation und Intuition geknüpft. Eine erste systematische Darstellung der Operationensteuerung wurde 1951 von *M. V. Wilkes* angegeben. Dabei wird die Ausführung eines Maschinenbefehls unterteilt in einzelne elementare Schritte, wie logische Verknüpfungen oder Transporte. Diese elementaren Schritte werden Mikrobefehle genannt. Die Mikroprogrammierung wurde vorgeschlagen als ein Konzept für einen übersichtlichen Entwurf der logischen Signale innerhalb einer Rechenanlage. Die logischen Signale repräsentieren den Zustand einer Rechenanlage und definieren den Übergang in den nächsten Zustand. Man kann sich auf den Standpunkt stellen, daß die Mikroprogrammierung eine Möglichkeit darstellt, einzelne Hardware-Funktionen auf der Programmierungsebene zugänglich zu machen.

Die Verwendung der Mikroprogrammsteuerung setzt einen schnellen Mikroprogrammspeicher voraus. Mit der Verfügbarkeit integrierter Halbleiterspeicher hat die Anwendung der Mikroprogrammsteuerung stark zugenommen. In Abb. 3–8 ist das Prinzip der Mikroprogrammsteuerung dargestellt.

Aus Abb. 3–8 ist ersichtlich, daß die Steuerung über Mikrobefehle in zwei Teile aufgeteilt ist. Der eine Teil des ausgelesenen Mikrowortes ergibt die Steuersignale für die logischen Verknüpfungen (Gatter). Der restliche Teil ist für die Auswahl des nächsten Mikro-

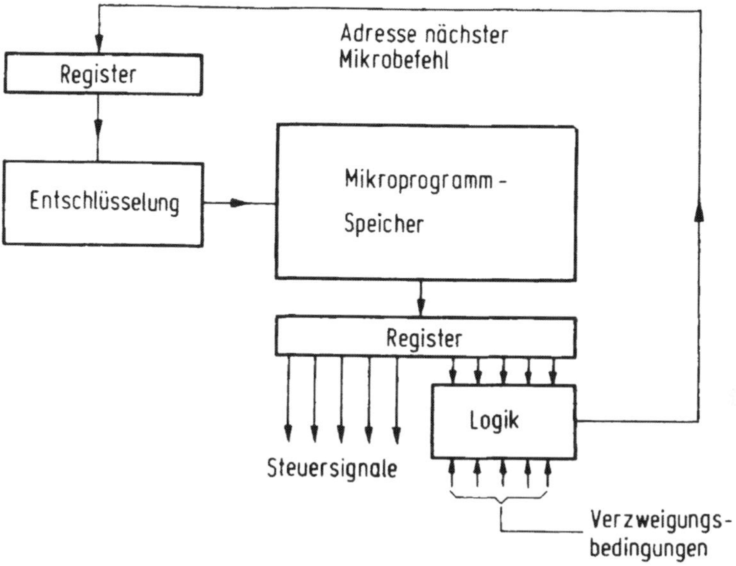

Abb. 3–8. Mikroprogrammsteuerung

befehls vorgesehen. Die Adresse des nächsten Mikrobefehls kann über eine Logik modifiziert werden. In diese Logik können Verzweigungsbedingungen eingebracht werden, die sich aus dem Ablauf des Mikrobefehls ergeben.

Im folgenden sind die wesentlichen Vor- und Nachteile der Mikroprogrammsteuerung zusammengestellt.

Vorteile:

1. *Flexibilität* und *Anpassungsfähigkeit.*
   Beim Entwurf der Rechenanlage können Veränderungen im Mikroprogramm leichter realisiert werden. Modifizierungen sind auch noch nach Ende der Entwicklung ohne größeren Aufwand möglich. Der Befehlsvorrat kann zur Leistungsverbesserung speziellen Anforderungen im nachhinein noch angepaßt werden.
2. *Erleichterung beim Entwurf, Wartung und Prüfung.*
   Die Übersichtlichkeit ist ein großer Vorteil gegenüber der konven-

tionellen Technik der Realisierung mittels Schaltwerken. Die Wartung und Prüfung einer Rechenanlage werden wesentlich erleichtert durch Mikroprogramme. Bei einem beschreibbaren Mikroprogrammspeicher können spezielle Wartungsmikroprogramme eingelesen werden, um die Fehlersuche zu erleichtern.

3. *Entwurf nach einheitlichen Gesichtspunkten.*
   Der Entwurf mittels Mikroprogrammierung ermöglicht einen weitgehend modularen Aufbau der Anlage. Die Steuerung der Kontroll-Logik kann wie der übliche Programmablauf verstanden werden.

Nachteile:

1. *Verlust an Leistung.*
   Das Universelle Konzept führt insbesondere durch den streng sequentiellen Ablauf zur Leistungseinbuße. Nicht alle Möglichkeiten zur Beschleunigung von Befehlen können ganz ausgenutzt werden.
2. *Zusätzliche Aufgaben beim Betrieb.*
   Ist der Mikroprogrammspeicher beschreibbar, so muß dem Maschinenbediener das Laden des Mikroprogrammes übertragen werden.
3. *Kosten.*
   Für kleine einfache Steuerungen ist die Mikroprogrammierung meist teuerer als ein speziell dafür entworfenes Schaltwerk.

3.4 Speicherhierarchie

Die gesamte Speicherkapazität einer Datenverarbeitungsanlage setzt sich in der Regel aus unterschiedlichen Arten von Speichern zusammen. Dazu ist keine programmtechnische Notwendigkeit vorhanden, sondern der Unterschied im Preis pro Bit bei den verschiedenen

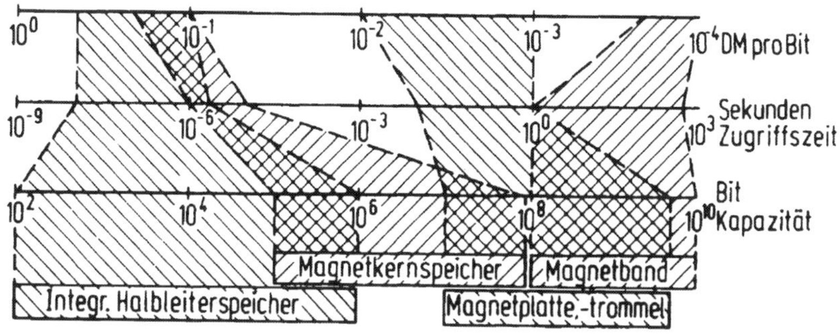

Abb. 3–9. Zusammenhang zwischen Zugriffszeit, Kosten und Speicherkapazität bei den verschiedenen Speicherarten

Arten von Speichern zusammen mit der unterschiedlichen Zugriffszeit macht diese Aufteilung notwendig (vgl. Abb. 3–9).

Um die Verarbeitungsgeschwindigkeit der Zentraleinheit möglichst gut auszunutzen, werden Programme und Daten, die häufig benötigt werden, zweckmäßig auf Speichern mit kurzer Zugriffszeit zur Verfügung gehalten. Da diese Häufigkeit von der Betriebssituation abhängt, z. B. welche Aufträge gerade bearbeitet werden, ist es wünschenswert, Daten zwischen verschiedenen Speicherklassen verschieben zu können. Dazu organisiert man die Programme und Daten entsprechend ihrem logischen Zusammenhang in Dateien und baut diese so auf, daß deren Inhalt unabhängig von der Speicherklasse ist. Die Verwaltung der Dateien durch das Betriebssystem unterhält Vermerke über den aktuellen physikalischen Ort der Dateien. Die Einführung des Paging ermöglicht es, Teile eines Programmes nicht im Arbeitsspeicher, sondern auf dem Sekundärspeicher zu halten. In der Seitentabelle ist dazu ein Vermerk über den aktuellen Ort der Seite auf dem Sekundärspeicher einzutragen. Wird auf eine Seite zugegriffen, die sich auf dem Sekundärspeicher befindet, so muß diese erst in den Arbeitsspeicher transportiert werden. Durch geeignete Dateienorganisation kann erreicht werden, daß jede Informationsmenge auf beliebigen Klassen von Speichern gelagert werden kann, wenn dort genügend Kapazität zur Verfügung steht. Die

Bearbeitung ist jedoch nicht überall möglich. So können die Seiten eines Programms nur im Arbeitsspeicher bearbeitet werden. Wird während der Bearbeitung der Direktzugriff auf Dateien verlangt, so können sich diese bei der Bearbeitung nicht auf einem Speicher mit sequentiellem Zugriff befinden. Die Dateiverwaltung muß bei der Zuteilung von Raum auf bestimmten Speicherklassen für Dateien zwischen Bearbeitungsklasse und Lagerklasse unterscheiden. Die Dateien können nur von den angegebenen Bearbeitungsklassen aus bearbeitet werden, während die Lagerklasse so gewählt wird, daß die gesamte Anlage möglichst optimal betrieben werden kann.

Da Speicher mit kurzen Zugriffszeiten entsprechend teuer sind, ist eine sorgfältig gewählte Zusammensetzung des gesamten Speicherraumes aus den verschiedenen Speicherklassen notwendig und ein wesentliches Mittel, Kosten zu sparen. Dies erfordert gleichzeitig, daß die vorhandenen Speicherklassen sinnvoll eingesetzt werden. Moderne Betriebssysteme versuchen, durch eine eigene Speicherverwaltung den Benutzer von dieser Aufgabe zu befreien. Dies ist auch unter dem Gesichtspunkt zu sehen, daß diejenigen, welche die Aufträge für die Bearbeitung durch die Datenverarbeitungsanlage vorbereiten, z. B. bei Kundenrechenzentren, nicht über die nötige Information für den optimalen Einsatz der Speicherhierarchie verfügen.

3.5 Erhöhung der Verarbeitungsgeschwindigkeit

In der Systemarchitektur einer Datenverarbeitungsanlage kommt das Bestreben zum Ausdruck, mit vorhandenen technologischen Möglichkeiten ein Maximum an Verarbeitungsleistung zu erreichen. Je nach dem vorgegebenen Anwendungsschwerpunkt des Rechners sind verschiedene Teile einer Anlage davon betroffen. Bei Anwendungen mit sehr starkem Ein-Ausgabevolumen und geringer Belastung der Zentraleinheit hätte eine Steigerung der internen Verarbeitungsgeschwindigkeit nur geringe Auswirkungen. Hier muß vielmehr auf Hardware-Vorkehrungen für schnellen Programmwechsel Wert gelegt werden, der einen effektiven Mehrprogrammbetrieb zuläßt. Außerdem sind entsprechend den vorgesehenen E/A-Geräten Kanäle mit hoher Übertragungsleistung notwendig.

Im folgenden sind für Anwendungen mit einer hohen Belastung der Zentraleinheit und wenig E/A-Vorgängen Maßnahmen für die Erhöhung der internen Verarbeitungsgeschwindigkeit und damit des Programmdurchsatzes angegeben.

3.5.1 Hardware-stack

Bei der Ausführung von arithmetischen Ausdrücken, der Abarbeitung von kleinen Programmschleifen und ähnlichen Operationen, die nur den Zugriff zu wenigen Hauptspeicherstellen umfassen, läßt sich eine Steigerung der Verarbeitungsgeschwindigkeit durch die Vermeidung von langsamen Hauptspeicherzugriffen bei Befehlen, Operanden und Zwischenergebnissen erreichen. Für die Realisierung muß unterschieden werden nach Befehlen und Operanden bzw. Zwischenergebnissen.

Die Vermeidung von Zugriffen zum Hauptspeicher innerhalb der Befehlsfolge einer kleinen Programmschleife kann durch Ablegen dieser Befehle in einem Registersatz (Hardware-stack) erfolgen. Von der Anzahl der vorhandenen Register hängt es ab, wieviele Befehle auf diese Weise in direktem Zugriff untergebracht werden können. Besondere Vorkehrungen sind notwendig, wenn Befehle oder Adressen modifiziert oder im Verlauf der Verarbeitung innerhalb des Hardware-stacks verändert werden. Solche Veränderungen müssen im Hauptspeicher nachvollzogen werden (vgl. auch Abschnitt 3.5.3).

Entsprechende Vorkehrungen sind für Operanden und Zwischenergebnisse denkbar. Ausgehend von der Tatsache, daß bei arithmetischen und logischen Operationen in vielen Fällen aus zwei Operanden ein Ergebnis gewonnen wird, kann man sich einen Registersatz vorstellen, in dem jeweils in den obersten zwei Registern die Operanden bereitgestellt werden. Nach Ausführung der Operation steht das Ergebnis im obersten Register, die beiden Operanden sind gelöscht, und die übrigen Registerinhalte rücken um eine Position nach oben. Vor der Befehlsausführung muß dieser Registersatz in umgekehrter Reihenfolge geladen werden. Spezielle Befehle sind notwendig, um innerhalb des stacks Inhalte zu kopieren oder zu vertauschen.

3.5.2 Look ahead-Maßnahmen

Die Ausführung eines Befehls kann unterteilt werden in Holen des Befehls aus dem Speicher, Entschlüsseln und schließlich Ausführen des Befehls. Diese drei Phasen können streng getrennt nacheinander ablaufen.

Eine Steigerung der Verarbeitungsgeschwindigkeit kann dadurch erreicht werden, daß während der Ausführungsphase eines Befehls bereits der nächste Befehl aus dem Speicher geholt und entschlüsselt wird. Je nach Befehlsart müssen zur Ausführung eines Befehls Operanden aus dem Speicher geholt werden. Solche Operanden können ebenfalls noch während der Ausführungsphase des vorangehenden Befehls bereit gestellt werden.

Ein hohes Maß an solcher überlappter Bearbeitung von aufeinanderfolgenden Befehlen setzt entsprechende umfangreiche Hardware voraus, z. B. mehrfache Zugriffsmöglichkeiten zum Speicher, weitere Register zur Bereitstellung von Operanden.

Eine weitere Steigerung der Geschwindigkeit kann erreicht werden, wenn nicht nur der nächste, sondern bereits weitere nachfolgende Befehle geholt und zur Verarbeitung vorbereitet werden. Die gleichzeitige Bearbeitung verschiedener Befehle in aufeinanderfolgenden Bearbeitungsstufen wird mit pipelining bezeichnet. Falls in einer Befehlssequenz eine Verzweigung auftritt, stellt sich die Frage, in welchem Zweig das pipelining fortgesetzt werden soll. Eine Verfolgung mehrerer Zweige gleichzeitig führt zu einem erheblichen Mehraufwand.

3.5.3 Schnellpufferspeicher

Von großen, modernen Datenverarbeitungsanlagen erwartet man sowohl Hauptspeicher mit sehr großer Kapazität als auch eine hohe Operationsgeschwindigkeit. Da die Realisierung einer hohen Operationsgeschwindigkeit die Verwendung eines Hauptspeichers mit entsprechend kurzen Zugriffszeiten voraussetzt, war die Erfüllung dieser Erwartungen mit den bisher üblichen Speichersystemen bei marktgerechten Kosten schwer möglich. Erst das Konzept des sog. Schnellpufferspeichers erlaubt hierfür eine wirtschaftliche Lösung.

Dieses Konzept besteht darin, daß vor den eigentlichen Hauptspeicher ein schneller Pufferspeicher geschaltet wird (vgl. Abb. 3–10).

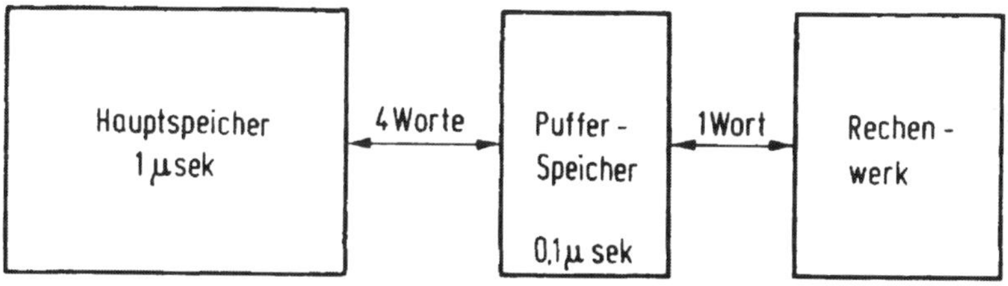

Abb. 3–10. Zweistufiger Hauptspeicher

Die Speicherkapazität des Pufferspeichers ist sehr viel kleiner als die des Hauptspeichers und beträgt einige 1000 Worte. Dagegen hat die Zugriffszeit des Pufferspeichers die gleiche Größenordnung wie die Ausführungsdauer eines Elementarschrittes im Zentralprozessor. Die Zugriffszeit des Arbeitsspeichers ist um eine Größenordnung höher. Das Rechenwerk verkehrt unmittelbar mit dem Pufferspeicher, bei jedem Zugriff wird ein Wort übertragen. Der Hauptspeicher arbeitet nur mit dem Pufferspeicher zusammen und überträgt bei jedem Zugriff einen Block von z. B. 4 Worten.

Bekanntlich ist immer nur ein sehr kleiner Teil des gesamten Hauptspeichers am momentanen Programmablauf beteiligt, z. B. sind an der Ausführung von einigen 100 Befehlen im allgemeinen bereits weniger unterschiedliche Worte aus dem Arbeitsspeicher beteiligt. Wenn es gelingt, diese Worte stets vorausschauend im Pufferspeicher bereit zu halten, so würde das Rechenwerk ständig die verlangten Daten im Pufferspeicher vorfinden und dessen kurze Zugriffszeit ausnützen können. Dieser Fall läßt sich näherungsweise dadurch erreichen, daß der Pufferspeicher ein vom Rechenwerk bei der Ausführung eines Befehls verlangtes Wort, das im Pufferspeicher jedoch nicht vorhanden ist, aus dem Hauptspeicher übernimmt, speichert und an das Rechenwerk weiterleitet.

Hierbei tritt zusätzlich zur Zugriffszeit des Pufferspeichers auch die des Hauptspeichers auf und verlängert die Ausführungsdauer des Befehls. Das gesuchte Wort wird jedoch zusammen mit dem Block, in dem es enthalten ist, in den Pufferspeicher übertragen. Da aufgrund gebräuchlicher Programmierpraxis bei der Ausführung eines Programms mit großer Wahrscheinlichkeit Gruppen von adressenmäßig aufeinander folgenden Worten des Hauptspeichers auftreten, wird der Zentralprozessor nach dem Laden des Blockes weitere benötigte Worte im Pufferspeicher vorfinden. In diesem wird jeder Block durch Kennzeichen ergänzt, die u. a. die Hauptspeicheradresse des Blockes enthalten, damit festgestellt werden kann, ob sich der Block mit dem vom Rechenwerk angeforderten Worten überhaupt im Pufferspeicher befindet.

Man kann erkennen, daß das Konzept des abgestuften Hauptspeichers eine gewisse technische Ähnlichkeit zum virtuellen Speicher aufweist insofern, als der Pufferspeicher dem reellen Speicher und ferner der Hauptspeicher dem Sekundärspeicher entspricht (vgl. Abschnitt 2.2.3).

Die Wirksamkeit dieses zweistufigen Hauptspeichers sei durch einige Zahlenangaben belegt.

Mittels Simulation läßt sich zeigen, daß die Befehlsaufeinanderfolge von gewöhnlichen Programmen so ist, daß bei Pufferspeichern mit einer Kapazität von wenigen 1000 Worten bereits 90% aller Speicherzugriffe auf den Hauptspeicher aus dem Pufferspeicher bedient werden können. Mit dieser Trefferrate ergibt sich bei einer Zugriffszeit von 0,1 μs für den Pufferspeicher und 1 μs für den Hauptspeicher eine mittlere Zugriffszeit dieses Speichersystems von angenähert 0,2 μs. Die Ermittlung der Operationsgeschwindigkeit des Rechners geht von der mittleren Zugriffszeit des Speichersystems anstelle der fünffach höheren Zugriffszeit des Hauptspeichers aus.

Die moderne Rechnertechnologie erlaubt den verbreiteten Einsatz dieser Speicherhierarchie, weil heute für die Realisierung der Pufferspeicher integrierte Halbleiterspeicher mit sehr kurzer Zugriffszeit zur Verfügung stehen.

3.5.4 Parallele Prozessoren

Eine Möglichkeit, die interne Verarbeitungsgeschwindigkeit einer Datenverarbeitungsanlage zu erhöhen, besteht darin, mehrere Zentralprozessoren zu verwenden. Im Prinzip kann damit gleichzeitig an mehreren Programmen gearbeitet werden.

Wenn man davon ausgeht, daß alle Prozessoren auf denselben Hauptspeicher zugreifen, so bedarf es einer Reihe von Hardware-Vorkehrungen zur Lösung verschiedener Zugriffskonflikte. Eine sehr einfache Strategie, daß, sobald ein Prozessor mit der Ausführung eines Programms begonnen hat, dieser dieses Programm auch zu Ende führt, zieht eine sehr schlechte Nutzung der Prozessoren nach sich. Ein wesentlich besseres Ergebnis kann erreicht werden, wenn die Prozessoren wie andere Betriebsmittel verwaltet und nach Bedarf frei für rechenbereite Teile von Programmen eingesetzt werden können. Zu einer solchen Aufgabenverteilung auf verschiedene Prozessoren ist ein erheblicher Aufwand notwendig. Zur Erreichung von geringen Verwaltungszeiten ist eine enge Verflechtung zwischen Hardware und Systemsoftware notwendig.

Bei der Verwendung von gleich schnellen Prozessoren erhebt sich die Frage, ob beim Übergang von einem Prozessor auf zwei Prozessoren überhaupt eine wesentliche Durchsatzsteigerung erzielt werden kann, die wirtschaftlich vertretbar ist. Es kann durchaus sein, daß mit einem schnelleren Prozessor mehr Durchsatz erzielt werden kann als mit zwei Prozessoren bei gleichen Kosten. Diese Frage stellt sich allerdings dann nicht, wenn mit vorgegebenen technologischen Möglichkeiten die Geschwindigkeit der Prozessoren nicht erhöht werden kann.

Eine wesentliche Steigerung der Verarbeitungsgeschwindigkeit kann durch die Verwendung einer Vielzahl von Zentralprozessoren erreicht werden. Das an der University of Illinois entwickelte Konzept der ELLIAC IV enthält eine Vielzahl von Prozessoren, die über eine Matrixanordnung zusammenarbeiten.

3.5.5 Mehrrechnersysteme

Eine Steigerung des Programmdurchsatzes kann durch Koppeln von unabhängigen Systemen erreicht werden. Naheliegend ist die Koppelung eines größeren Systems als Hauptrechner mit einem kleineren System als Vorrechner. Dabei werden vom Vorrechner insbesondere E/A-Funktionen übernommen. Ein solches Konzept eignet sich insbesondere bei Datenfernverarbeitungsanwendungen oder bei Teilnehmersystemen, wobei der Vorrechner Funktionen übernimmt, die vor der eigentlichen Verarbeitung von Aufträgen liegen.

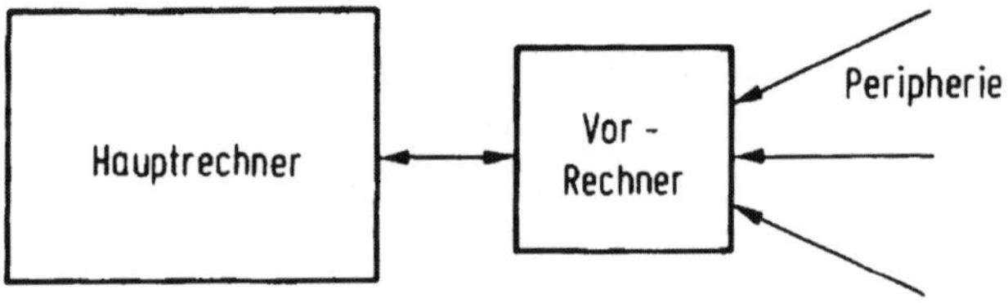

Abb. 3–11. Hauptrechner mit Vorrechner

Bei extremen Anforderungen an die Ausfallsicherheit werden sog. Duplexsysteme verwendet. Durch die Koppelung von zwei Anlagen soll bei Ausfall des Hauptrechners möglichst ohne Unterbrechung auf den Nebenrechner übergegangen werden. Liegt der zugelassene Ausfallzeitraum in der Größenordnung einiger Minuten, so kann der zweite Rechner für andere Aufgaben benutzt werden, die nach einer erkannten Störung am Hauptrechner sofort unterbrochen werden. Danach muß auf den Nebenrechner umgeschaltet werden. In Extremfällen müssen beide Rechner parallel arbeiten, so daß bei Störung ein Übergang im Sekundenbereich möglich wird. In einem solchen Falle läßt sich durch das Mehrrechner-System keine Durchsatzsteigerung erzielen.

3.6 Kompatibilität

Die Kompatibilität oder Verträglichkeit zwischen Datenverarbeitungsanlagen ist dann gegeben, wenn eine Austauschbarkeit von Programmen ohne Veränderungen möglich ist. Eine vollkommene

Kompatibilität setzt voraus, daß einzelne, sich entsprechende Befehle bei der Ausführung stets dieselben Ergebnisse erbringen. Dabei kann zugelassen werden, daß der interne Befehlsablauf in verschiedener Weise realisiert ist. Sobald jedoch vergleichbare Maschinenbefehle zu verschiedenen Ergebnissen führen, kann nicht mehr davon ausgegangen werden, daß der Ablauf eines Programms auf beiden Anlagen identisch ist.

Die Ursachen für nicht kompatible Datenverarbeitungssysteme liegen insbesondere darin, daß Systeme nach verschiedenen Marktgesichtspunkten entworfen werden, z. B. ausgerichtet nach Anwendungen (universell verwendbar, vorwiegend wissenschaftlich, vorwiegend kommerziell oder für Prozeßsteuerung). Neue technologische Möglichkeiten und Erkenntnisse aus der Forschung können nach unterschiedlichen Kriterien in den Entwurf einfließen. Andere Unterschiede in der Hardware liegen bei verschiedenen Wortlängen, den Adressierungssystemen der Speicher und der Ausrichtung auf Wort- oder Zeichenverarbeitung.

Ursachen für nicht kompatible Datenverarbeitungsanlagen liegen nicht nur in der Hardware, sondern auch in der Systemsoftware. Obwohl die Zielsetzung der Betriebssysteme, nämlich die effektive Nutzung von EDV-Systemen, im Prinzip bei allen Anlagen gleich ist, werden zur Realisierung verschiedene Wege eingeschlagen. Insbesondere bei Auftragssprachen (Job-control), Speicherverwaltung, Datenbanksystemen und Datenfernverarbeitungs-Software kann man sehr unterschiedliche Realisierungsformen bei verschiedenen Systemen feststellen. Dies ist dann auch der Grund, weshalb die Benutzung der Systemsoftware bei nahezu jedem Anlagentyp nach anderen Regeln erfolgt.

Bei der großen Zahl bereits installierter Datenverarbeitungsanlagen ist bei jedem Entwurf einer neuen Anlage die Frage zu stellen, inwieweit bereits vorhandene Programme ohne wesentliche Änderungen auf der neuen Anlage zum Ablauf gebracht werden können. Handelt es sich dabei um Programme, die in problemorientierten Sprachen formuliert sind, so kann von einem kleinen Umstellungsaufwand ausgegangen werden (neue Übersetzung, andere Steuerkarten, u. U.

kleinere Abänderungen in der Quellenform). In der Praxis ist jedoch bei jeder Installation eine mehr oder weniger große Anzahl von ASSEMBLER-Programmen vorhanden. Eine fehlende Kompatibilität kann eine völlige Neuprogrammierung solcher Programme notwendig machen.

3.6.1 Emulation

Für die Übernahme von Programmen auf andere Systeme sind beim Fehlen der Kompatibilität häufig sog. Emulatoren entwickelt worden. Emulatoren sind zusätzliche Hardware-Einrichtungen, die trotz verschiedener Befehlsausführung und Befehlsvorrat den Übergang von einer Anlage zu einer anderen ermöglichen. Emulatoren stellen eine Anpassung verschiedener Datenverarbeitungsanlagen auf Befehlsebene dar. Der Einschub eines Emulators vor die eigentliche Verarbeitung führt im allgemeinen dazu, daß die Verarbeitungsgeschwindigkeit absinkt. Zusätzliche Schwierigkeiten ergeben sich dann, wenn beim Übergang mit verschiedenen Wortlängen gearbeitet werden muß.

Bei Anlagen mit konventioneller Logik müssen Emulatoren durch zusätzliche Hardware realisiert werden. Eine wesentlich flexiblere Möglichkeit, Emulatoren zu realisieren, besteht bei Anlagen mit veränderbaren Mikroprogrammen. Durch Nachladen geeigneter Mikroprogramme können sogar in zeitlicher Folge verschiedene Emulatoren realisiert werden.

3.6.2 Simulation

Eine andere Möglichkeit zur Erreichung der Kompatibilität auf Befehlsebene ist die Simulation einer Anlage auf einer anderen. Die Simulation wird durch Software-Maßnahmen durchgeführt. Im Prinzip besteht ein solcher Simulator aus einem Übersetzer, der interpretativ die Ausführung der Befehle der einen Anlage mit den Möglichkeiten der anderen Anlage durchführt. Die Durchführung der Simulation mittels Software ergibt eine wesentlich größere Leistungseinbuße als bei Emulation. Grundsätzlich kann gegebenenfalls durch

Kombination von Emulation und Simulation der Übergang zwischen beliebigen Systemen hergestellt werden.

3.6.3 System-Familien

Um den Übergang von kleineren auf größere Datenverarbeitungssysteme eines Herstellers zu erleichtern, wurden sog. System-Familien entwickelt. Die einzelnen Modelle der System-Familie unterscheiden sich in ihrer Größe und sind zumindest aufwärts kompatibel.

Beim Entwurf von System-Familien kann u. a. von folgenden Prinzipien ausgegangen werden:

- grundsätzlich gleiches Wortformat für alle Modelle
- im Prinzip gleicher Befehlsvorrat
- bei kleineren Modellen Realisierung von Befehlen teilweise in Software
- Mikroprogramme zum Abbau der Kompatibilitätsprobleme
- meist nur aufwärts kompatibel.

Gegenüber dem Entwurf einer einzelnen Anlage ergeben sich für die Konzeption einer ganzen Systemfamilie folgende Schwierigkeiten:

- Bei der zeitlich aufeinander folgenden Entwicklung einzelner Modelle können neuere technische Möglichkeiten nur dann genützt werden, wenn die System-Architektur dies zuläßt.
- Für Modelle mit sehr großem Leistungsunterschied ist es im allgemeinen notwendig, verschiedene System-Software zu benutzen.

Durch die Anwendung des virtuellen Speicherprinzips ist es möglich, auch die Abwärts-Kompatibilität bei Modellen mit verschieden großen Hauptspeicherausbaustufen zu verwirklichen.

3.7 Entwicklungstendenzen

Eine wesentliche Aufgabe der Systemarchitektur ist es, neue technologische Entwicklungen beim Entwurf von Rechenanlagen zu nutzen. Die Fortschritte der Halbleitertechnologie der letzten Jahre lassen vermuten, daß die Miniaturisierung der Baugruppen weitergehen wird. Damit wird es möglich sein, Zuverlässigkeit und Geschwindigkeit weiter zu steigern. Es ist abzusehen, daß Kernspeicher immer mehr durch Halbleiterspeicher verdrängt werden. Außerdem läßt sich erkennen, daß durch die weiter fallenden Hardware-Kosten Minicomputer eine weite Verbreitung finden werden. Bereits heute sind Taschencomputer dabei, den Rechenschieber abzulösen. Im Zusammenhang mit den fallenden Hardware-Kosten taucht die Frage auf, ob es zweckmäßig ist, zumindest bis hin zu mittleren Anlagengrößen, weiterhin komplexe Betriebssysteme einzusetzen, deren Entwicklungsaufwand beträchtlich ist.

Es ist abzusehen, daß mit der fortschreitenden Miniaturisierung und dem verstärkten Einsatz von integrierten Wartungsprozessoren die Zuverlässigkeit der Hardware weiter gesteigert werden kann. Inwieweit Methoden gefunden werden können, Fehler bei umfangreicher Systemsoftware zur Entwicklungszeit und bei der Pflege zu verhindern, ist eine offene Frage. Auch unter diesen Gesichtspunkten könnte es zweckmäßig werden, bei billiger Hardware einfache Systemsoftware einzusetzen und auf Software-Maßnahmen zur Durchsatzsteigerung, wie z. B. umfangreichen Mehrprogrammbetrieb zu verzichten.

Eine weitere Steigerung der Zuverlässigkeit und Verarbeitungsgeschwindigkeit ist durch die Verwendung einer Vielzahl von autonomen Prozessoren und von einander unabhängigen Hauptspeicher-Moduln zu erwarten. Beim Ausfall eines Prozessors oder Speichermoduls kann ein totaler Ausfall durch Verlagerung der Funktionen auf noch intakte Einheiten erfolgen. Von der 4. Computergeneration werden solche veränderliche Strukturen innerhalb eines Rechnersystems erwartet.

Literatur

[1] Bowden, B. V.: Faster than Thought. London, 1953.
[2] Klar, R.: Digitale Rechenanlagen. Berlin, 1970.
[3] Foster, C.: Computer Architecture. New York, 1970.
[4] Watson, R. W.: Timesharing System Design Concepts. New York, 1970.

4. Datenfernverarbeitung

Von Werner Dirlewanger

4.1 Einleitung und Überblick

Kann ein Anwender von elektronischen Datenverarbeitungsanlagen unmittelbar von seinem Arbeitsplatz aus mit einer oder mehreren räumlich davon entfernten Datenverarbeitungsanlagen verkehren, dann spricht man von Datenfernverarbeitung. Für Form und Ablauf dieser unmittelbaren Inanspruchnahme der Leistung entfernter Datenverarbeitungsanlagen gibt es eine große Reihe von Organisationsformen. Ein Beispiel ist der Teilnehmerbetrieb von Rechenanlagen, ein anderes der Teilhaberbetrieb (s. z. B. Band I, Abschnitt 3).

Die Datenfernverarbeitung unterscheidet sich von der klassischen Form der Datenverarbeitung (Stapelbetrieb) durch Anwendung der Datenfernübertragung. Beim Stapelbetrieb werden alle Informationen wie Eingabedaten, Programme usw. vom Benutzer aufbereitet und auf maschinenlesbare Datenträger zwischengespeichert. Diese werden dann zur elektronischen Datenverarbeitungsanlage transportiert und dort eingegeben. Solche Datenträger sind z. B. Lochkarte, Lochstreifen, Magnetband und mit maschinenlesbarer Klarschrift beschriebene Belege. Die Ausgabe-Daten werden am Standort der Anlage auf einem Datenträger zwischengespeichert, z. B. als Klarschrift (Druck) oder, falls eine spätere Wiedereingabe in die Anlage vorgesehen ist, auf einem maschinenlesbaren Datenträger. Dieses Medium wird dann dem Benutzer zurückgegeben und so die ausgegebene Information durch Transport eines Datenträgers zum Benutzer bzw. zur weiterverarbeitenden Stelle gebracht.

Bei der Datenfernverarbeitung dagegen steht dem Benutzer an seinem Arbeitsplatz eine sogenannte Datenstation zur Verfügung, die über eine Datenleitung mit der Datenverarbeitungsanlage verbunden ist. Diese Datenstation ermöglicht eine direkte Kommunikation mit der Datenverarbeitungsanlage. Die Übertragung von Information von der Datenstation zur Datenverarbeitungsanlage und zurück geschieht auf elektrischem Wege über die Datenleitung und nicht – wie bei der Stapelverarbeitung – durch physischen Transport von Datenträgern. Die Eingabe von Daten und.evtl. auch von Programmen erfolgt im allgemeinen in einer dem Benutzer direkt verständlichen Form (z. B. mittels Tastatur bzw. Druckwerk).

Der Verkehr mit der Datenverarbeitungsanlage über die Datenstation erfolgt unter Verwendung von Steuerkommandos. Solche Kommandos sind von der Stapelverarbeitung als „Steuerkarten" bekannt. Die Anzahl und Art der Steuerkommandos, wie auch die Datenstationen selbst, werden dem mit der Datenfernverarbeitungsanlage zu bearbeitenden Aufgabenkreis entsprechend gestaltet. Ist der Aufgabenbereich eng umrissen, dann wird man Steuerkommandos und Datenstationen verwenden, die ganz auf diesen Aufgabenkreis spezialisiert sind. Beispiele hierfür sind diejenigen Datenstationen, die viele mit der Kundenbedienung befaßte Angestellte von Großbanken an ihren Arbeitsplätzen stehen haben. Diese Datenstationen sind nur zur Bearbeitung spezieller Aufgaben geeignet, wie etwa das Geben von Auskünften über den Stand von Spar- und Girokonten und die Vornahme von Buchungsvorgängen auf solchen Konten. Soll dagegen ein Datenfernverarbeitungs-System für einen sehr weitgespannten Aufgabenkreis verwendbar sein, dann müssen entsprechend universell verwendbare Datenstationen und eine große Anzahl entsprechend leistungsfähiger Steuerkommandos zur Verfügung stehen. Teilnehmerrechensysteme (s. a. Band I, Abschnitt 3 und 6) sind die in dieser Beziehung universellsten Datenfernverarbeitungs-Systeme. Sie ermöglichen die „Dialogfernprogrammierung", bei der Aufgaben von der Datenstaion aus – in Form eines „Gesprächs" – in unterschiedlichen Programmiersprachen (höherer oder niederer Stufe) als Programm formuliert, ausgetestet und mit der Datenverarbeitungsanlage bearbeitet werden können.

Datenstationen und Steuerkommandos können an die mannigfaltigsten Bedürfnisse und Problemstellungen angeglichen werden. Es entsteht so eine Art und Weise der Nutzung von Datenverarbeitungsanlagen, die dem Menschen im allgemeinen besser angepaßt ist als die Stapelverarbeitung. Die Datenfernverarbeitung ist für viele Aufgabenstellungen ein wirkungsvolles Hilfsmittel, von dem mehr und mehr Gebrauch gemacht wird. Dies gilt sowohl im technisch-wissenschaftlichen, wie auch im kommerziellen Bereich.

Im Folgenden wird zunächst eine mögliche Klassifizierung der Datenfernverarbeitungs-Systeme angegeben (Abschnitt 4.2). Dann wird auf die wesentlichen Teile eines Datenfernverarbeitungs-Systems eingegangen, die Datenstationen (Abschnitt 4.3), die elektrischen Datenübertragungswege – „Leitungen" genannt – (Abschnitt 4.4 und 4.5) und die Datenverarbeitungsanlage (Abschnitt 4.6). Anschließend wird eine besondere Form der Datenfernverarbeitung, das Rechnerverbundnetz, besprochen (Abschnitt 4.7). Schließlich wird auf Kostengesichtspunkte bei der Datenfernverarbeitung eingegangen, und es werden Beispiele für einige besonders aktuelle Datenfernverarbeitungs-Systeme gegeben (Abschnitt 4.8).

4.2 Datenfernverarbeitungs-Systeme

Orientiert man sich an der zeitlichen Folge des Datenflusses zwischen Datenstation und Datenverarbeitungsanlage, dann lassen sich drei Gruppen unterscheiden: Sammel/Verteil-Systeme (Abschnitt 4.2.1), Frage/Antwort-Systeme (Abschnitt 4.2.2) und Dialogsysteme (Abschnitt 2.3). Zur weiteren Charakterisierung der Datenverarbeitungs-Systeme werden in den folgenden Abschnitten drei Kennzeichen verwendet:

a) Die mittlere Anschaltdauer

Aus Kostengründen (z. B. Leitungskosten) und technisch-organisatorischen Gründen in der Datenverarbeitungsanlage ist es meist unzweckmäßig, alle Datenstationen eines Datenfernverarbeitungs-Systems dauernd in Verbindung mit der Datenverarbeitungsanlage zu lassen. Man schaltet deshalb eine Datenstation nur bei Bedarf für die benötigte Zeitdauer ein. Diese Zeitdauer heißt Anschaltdauer. Da die Anschaltdauern im allgemeinen unterschiedlich lang sind, verwendet man als Kennzeichen den durchschnittlichen Wert.

b) Die mittlere Datenmenge je Einschaltphase

Die zwischen Datenverarbeitungsanlage und Datenstation zu transportierende Datenmenge ist im allgemeinen in jeder Einschaltphase anders. Man verwendet als Kennzeichen den mittleren Wert.

c) Die Dringlichkeit

Die Dringlichkeit, mit der eine dem Datenfernverarbeitungs-System eingegebene Aufgabe erledigt werden muß, ist das dritte Kennzeichen. Hohe Dringlichkeit bedeutet, daß die Zeitdauer von der Eingabe einer Aufgabe an der Datenstation bis zur Ausgabe der Antwort nur um einen nicht sehr großen Prozentsatz länger als die reine Bearbeitungszeit in der Datenverarbeitungsanlage (plus eventuelle Übertragungszeiten über die Leitung) sein darf. Bei niederer Dringlichkeit darf die Zeit bis zur Antwort wesentlich länger als die Bearbeitungszeit (plus eventuelle Übertragungszeiten) sein. Bei hoher Dringlichkeit wird also eine möglichst sofortige Bearbeitung der Aufgabe durch die Datenverarbeitungsanlage verlangt. Eine Aufgabe mit geringer Dringlichkeit dagegen kann nach der Eingabe – etwa zugunsten anderer dringenderer Aufgaben – zurückgestellt und erst später bearbeitet werden und/oder die Bearbeitung kann stückweise in Zeiten geringer Arbeitsbelastung der Datenverarbeitungsanlage erfolgen.

4.2.1 Sammel/Verteil-Systeme

Diese Gruppe von Datenfernverarbeitungs-Systemen hat eine sehr einfache Art der Kommunikation zwischen Benutzer und Datenverarbeitungsanlage. Der Datenfluß zu und von der Datenverarbeitungsanlage erfolgt ohne strenge Verknüpfung bezüglich Zeit und Folge. Kennzeichen für Sammel/Verteil-Systeme sind: a) Die mittlere Anschaltdauer beträgt einige bis mehrere Minuten; b) die mittlere Datenmenge, die je Einschaltphase zu transportieren ist, streut von sehr kleinen bis zu sehr großen Werten; c) die Dringlichkeit der Aufgaben ist (im Vergleich zu Frage/Antwort-Systemen und zu Dialog-Systemen) klein.

Zwei Beispiele sollen die wesentlichen Eigenschaften von Sammel/Verteil-Systemen verdeutlichen:

Beispiel 1: Job-Stapelfernverarbeitung

Die Datenstation besteht im wesentlichen aus denselben Ein/Ausgabe-Geräten, die auch an der Datenverarbeitungsanlage selbst vorhanden sind, also z. B. Lochkartenleser und Schnelldrucker. Sie stellt nichts anderes dar, als eine von der Datenverarbeitungsanlage entfernt aufgestellte Ein/Ausgabe, über die Stapelverarbeitungsbetrieb erfolgt. Die Benutzeraufgabe wird, fertig vorbereitet, meist in Form eines Lochkartenstapels an die Datenstation abgegeben und von dort aus in die Datenverarbeitungsanlage übertragen. Nach der Bearbeitung werden die Ergebnisse an der Datenstation ausgegeben, z. B. über deren Schnelldrucker. Die über die Datenstation eingegebenen Jobs werden in der Datenverarbeitungsanlage genauso behandelt wie die direkt im Rechenzentrum an der Datenverarbeitungsanlage eingegebenen Jobs: Sie warten in einer Warteschlange und werden entsprechend abgearbeitet.

Beispiel 2: Direkte Datenerfassung

Die zu verarbeitenden Daten werden am Ort ihrer Entstehung über die Tastatur der dort aufgestellten Datenstation in die Datenverarbeitungsanlage eingegeben und gespeichert. Zu festgelegten Zeiten oder nach Ablauf einer bestimmten Zeitspanne werden sie dann durch ein innerhalb des Stapelbetriebes an der Reihe befindliches Programm verarbeitet. Das Ergebnis kann entweder über die Datenstation oder durch ein Ausgabegerät der Datenverarbeitungsanlage ausgegeben werden. Beim Sammeln der Daten erfolgt keinerlei Verarbeitung im Sinne der Benutzeraufgabe, es werden jedoch meist Prüfungen auf richtige Übertragung und Vollständigkeit eingegebener Daten, Plausibilitätskontrollen u. ä. durchgeführt. Die direkte Datenerfassung wird z. B. für das Sammeln von Produktionsdaten, Anwesenheitsdaten von Angestellten oder Lagerdaten in Warenlagern verwendet. Im Handel kann sie für die sofortige Erfassung von Auftragsdaten verwendet werden und ermöglicht eine sehr schnelle Auftragsbearbeitung.

4.2.2 Frage/Antwort-Systeme

Bei dieser Gruppe von Datenfernverarbeitungs-Systemen findet ein fortlaufender Datenaustausch zwischen Datenverarbeitungsanlage und Datenstation statt, bei dem die Richtung des Datenflusses oft wechselt und die ausgegebenen Daten jeweils eine direkte Reaktion der Datenverarbeitungsanlage auf die zuletzt an der Datenstation eingegebenen Daten darstellen. Kennzeichen von Frage/Antwort-Systemen sind: a) Die mittlere Anschaltdauer ist sehr kurz (typischer Wert: einige Sekunden); es wird meist nur eine sehr kurz formulierte Frage gestellt und beantwortet und eine nur kleine Verarbeitungsleistung von der Datenverarbeitungsanlage verlangt, wie etwa das Reservieren eines Platzes bei einer Flugbuchungsanlage; b) die je Einschaltphase im Mittel zu transportierende Datenmenge ist meist sehr klein, c) die Dringlichkeit aber üblicherweise sehr groß.

Bevor auf Beispiele eingegangen wird, seien noch einige Bemerkungen gemacht. Der Anwendungsbereich von Frage/Antwort-Systemen läßt sich wie folgt charakterisieren: Es sind Kunden in sehr kurzer Zeit zu bedienen, Entscheidungen in wenigen Sekunden zu treffen und Reaktionen auf bestimmte Situationen besonders schnell zu fällen. Die Datenstationen von Frage/Antwort-Systemen bestehen meist aus einer Eingabetastatur und einem Ausgabemedium (Druckwerk und/oder Bildschirm), und es sind meist sehr viele (u. U. 100 und mehr) an die Datenverarbeitungsanlage angeschlossen. Es gibt sowohl Systeme, die nur Auskünfte erteilen (Auskunftsbearbeitung), wie auch solche, die Daten an den Datenstationen annehmen und sofort nach Anwendungsgesichtspunkten verarbeiten (Auskunftsbearbeitung mit Direktverarbeitung).

Beispiele für Auskunftsbearbeitungs-Systeme:

Bei Bausparkassen, Behörden, Versicherungen, Kreditinstituten und Handelsunternehmen können die Daten von Kunden zentral in der Datenbank einer Datenverarbeitungsanlage gespeichert und verwaltet werden; Auskünfte beliebiger Art können schnell mittels der Datenstation abgefragt werden. Weitere Beispiele sind Börsen-Auskunfts-Systeme und Fahrplanauskunftsautomaten an Bahnhöfen.

Beispiele für Auskunftsbearbeitung mit Direktverarbeitung:

Ein Beispiel ist das bereits erwähnte Bankbuchungs-System. Es erlaubt nicht nur Auskünfte über das Konto des Kunden. Vielmehr können darüber hinaus sofort die Veränderungen bei einer Kontenbewegung (z. B. durch Abheben eines Betrags von einem Sparkonto) in der Kontendatei eingetragen und der neue Kontostand über den Drucker der Datenstation im Sparbuch eingetragen werden. Weitere Beispiele sind die Platzreservierungs-Systeme von Flug- und Eisenbahngesellschaften.

4.2.3 Dialog-Systeme

Wie bei den Frage/Antwort-Systemen findet ein dauernder Datenaustausch zwischen Datenstation und Datenverarbeitungsanlage mit oft wechselnder Richtung des Datenflusses statt. Die Antwort der Datenverarbeitungsanlage ist jeweils eine direkte Reaktion auf die zuletzt an der Datenstation eingegebene Information. Kennzeichen der Dialog-Systeme sind: a) Die mittlere Anschaltdauer reicht von wenigen Minuten bis zu mehreren Stunden; b) die gesamte zu transportierende Datenmenge besteht aus mehreren bis vielen kurzen Datenblöcken, die durch längere Pausen getrennt sind; c) die Dringlichkeit ist während der gesamten Anschaltdauer groß bis sehr groß.

Typisch für Dialog-Systeme ist, daß die von der Datenverarbeitungsanlage zu erledigenden Aufgaben schrittweise, d. h. als aufeinanderfolgende Teilaufgaben eingegeben werden. Jede Teilaufgabe wird bei der Eingabe auf formale Richtigkeit geprüft. Im Fehlerfall wird ein Fehlerhinweis gegeben und die erneute korrigierte Eingabe angefordert. Dann wird die Teilaufgabe ausgeführt, das Ergebnis ausgegeben und u. U. kommentiert. Die Datenstationen besitzen als Ausgabemedien schreibmaschinenähnliche Geräte oder Bildschirme. Außerdem sind zusätzliche Sondereinrichtungen möglich, wie etwa sogenannte Lichtgriffel zur Eingabe beliebiger Linienzüge, Einrichtungen für Sprachausgabe u. ä. Die Zahl der Datenstationen solcher Systeme ist im allgemeinen nicht so groß wie bei Frage/Antwort-Systemen, da hier die Datenverarbeitung pro aktiver Datenstation eine höhere Arbeitsleistung zu erbringen hat.

Beispiele:

Einrichtungen für rechnergestützten Unterricht, für rechnergestütztes Konstruieren und Entwerfen, allgemeine Informations-Systeme, graphische Dialog-Systeme und die Job-Dialogfernverarbeitung (Teilnehmerrechensystem).

4.3 Datenstationen

Die Datenstation ist eine mit Ein/Ausgabe-Geräten versehene Einrichtung, die am Ort des Benutzers eines Datenfernverarbeitungs-Systems steht. Sie ist durch den elektrischen Datenübertragungsweg (Datenleitung) mit der Datenverarbeitungsanlage verbunden. Die Datenstation ist der Ort der Kommunikation zwischen Mensch und Maschine.

Man paßt diese Schnittstelle möglichst gut den Erfordernissen des jeweiligen Systems an. Dementsprechend gibt es eine Vielfalt von Datenstationen. Die Anpassung an einen bestimmten Aufgabenkreis äußert sich am sichtbarsten an den Ein/Ausgabe-Geräten. Je spezieller der Anwendungszweck eines Datenfernverarbeitungs-Systems ist, um so stärker ist die Ein/Ausgabe spezialisiert. Man erreicht damit z. B. leichte Erlernbarkeit des Umgangs mit dem System. Je universeller dagegen ein Datenfernverarbeitungs-System ist, um so mehr werden auch die Datenstationen den Ein/Ausgabe-Stationen von universellen Datenverarbeitungsanlagen ähnlich sein, für Stapelverarbeitungsvorgänge also den Ein/Ausgabe-Geräten im Rechenzentrum, für „on line" zu bearbeitende Aufgaben den Benutzer-Terminals von Teilnehmer-Systemen.

Nachfolgend wird eine Einteilung der Datenstationen gegeben. Sie orientiert sich im Groben daran, ob – von einfachen Kontrollen, Zeichenumcodierung u. ä. abgesehen – in der Datenstation selbst Verarbeitungsvorgänge vorgenommen werden, ohne die zentrale Datenverarbeitungsanlage in Anspruch zu nehmen oder nicht. Man spricht von „intelligenten" und „nicht intelligenten" Datenstationen oder auch von „aktiven" bzw. „passiven" Datenstationen. Die weitere Untergliederung orientiert sich an den Ein/Ausgabe-Geräten.

4.3.1 Nicht intelligente Datenstationen

Der prinzipielle Aufbau ist in Abb. 4–1 dargestellt. Hauptbestandteile sind das Eingabe-Gerät, das Ausgabe-Gerät (u. U. können auch mehrere Eingabe-Geräte und/oder Ausgabe-Geräte vorhanden sein) und die Anpaßeinheiten. Diese dienen für die weiter oben schon erwähnten einfachen Kontrollen, eventuell notwendige Umsetzungen von der bitseriellen Zeichendarstellung auf dem abgehenden bzw. ankommenden Datenkanal der Leitung in eine bitparallele Darstellung für das Ein- bzw. Ausgabe-Gerät, u. ä.

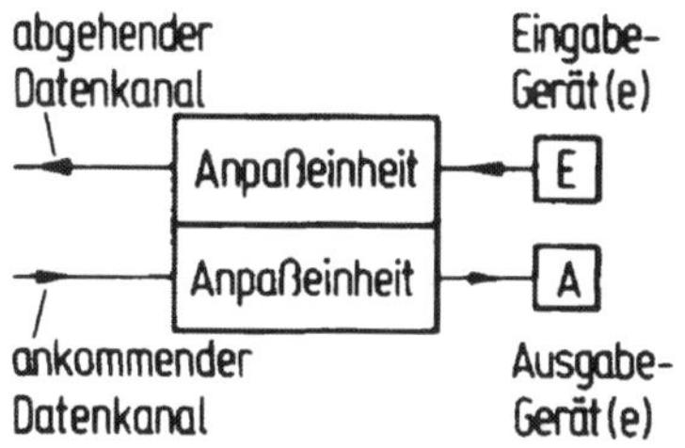

Abb. 4–1. Nicht intelligente Datenstation

4.3.1.1 Universell verwendbare Datenstationen mit Direkteingabe

Eine viel verwendete Bauform dieses Typs von Datenstationen ist das Schreibmaschinenterminal. Bei ihm erfolgt die Eingabe über eine alphanumerische Tastatur. Das Ausgabe-Gerät ist ein Druckwerk. Letzteres ist meist in Form einer elektrischen Schreibmaschine (typische Druckgeschwindigkeit 10 bis 20 Zeichen/sec) realisiert. Daneben gibt es für das Druckwerk Sonderformen wie z. B. den Mosaikdrucker (30 bis 60 Zeichen/sec). Als Sonderausstattung kann eine zusätzliche Lochstreifen-Ein/Ausgabe oder u. U. eine Lochkarten-Ein/Ausgabe eingebaut sein. Der prinzipielle Aufbau einer solchen Datenstation ist in Abb. 4–2 dargestellt.

Statt des Druckwerks kann ein Bildschirm verwendet werden. Er hat den Vorteil der höheren Ausgabegeschwindigkeit. Der Bildschirm kann durch eine sogenannte Hardkopy-Ausgabe ergänzt werden.

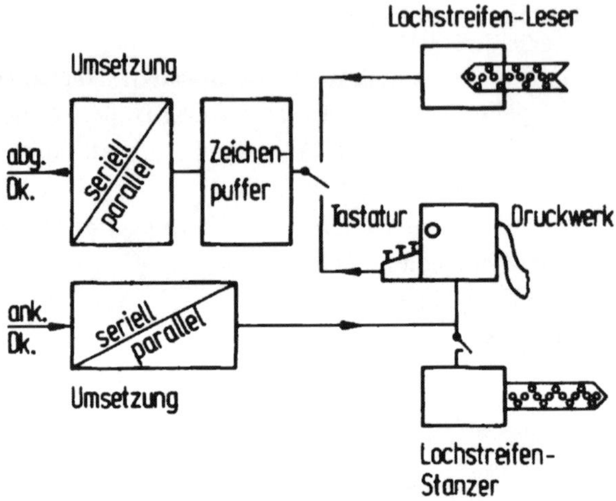

Abb. 4–2. Schreibmaschinenterminal

Hardkopy ist eines der eben genannten Druckwerke oder ein Mikrofilmgerät und dient dazu, auf Wunsch die auf dem Bildschirm angezeigte Information festzuhalten. Abb. 4–3 zeigt den prinzipiellen Aufbau eines Bildschirmterminals.

Eine weitere Ausführungsform des Bildschirmterminals dient dem graphischen Dialog. Anwendungen sind z. B. computerunterstütztes Entwerfen und Konstruieren (vgl. Abschnitt 6 von Band I). Bei diesen Datenstationen ist es nicht nur möglich, auf dem Bildschirm Texte und beliebige sonstige Zeichenketten über die Tastatur einzugeben und anzuzeigen (alphanumerische Ein/Ausgabe), sondern auch beliebige Linienzüge anzuzeigen und über den sogenannten Lichtgriffel oder die Rollkugel-Eingabe einzugeben (graphische Ein/Ausgabe).

Typische Werte für die benötigte Übertragungskapazität der Datenleitung von Schreibmaschinenterminals sind 100 bis 300 Bit/sec (je für den ankommenden und den abgehenden Datenkanal). Bei Bildschirmterminals liegen die Werte höher, wenn man die Geschwindigkeit des Bildschirmes ausschöpfen will.

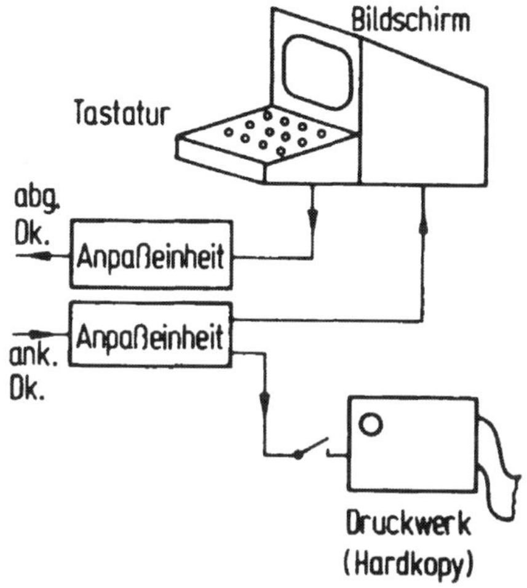

Abb. 4–3. Bildschirmterminal mit zusätzlicher Hardkopy

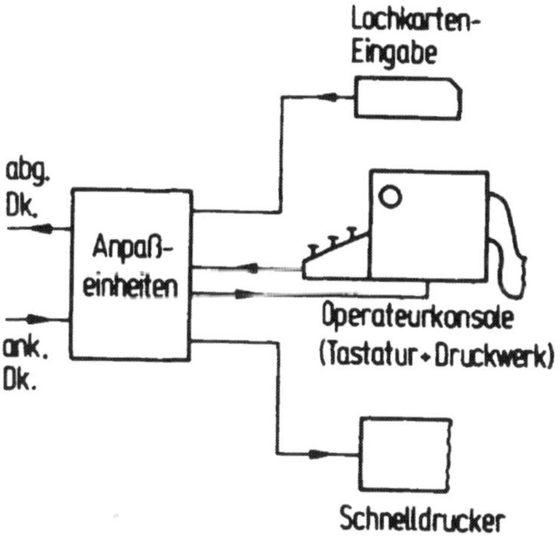

Abb. 4–4. Datenstation für Job-Stapelverarbeitung

4.3.1.2 Datenstationen mit Direkteingabe für spezielle Anwendungen

Der prinzipielle Aufbau dieser Datenstationen entspricht denen von Abschnitt 4.3.1.1, jedoch sind die Ein- und Ausgabe-Geräte problemorientiert ausgelegt. Die Eingabe-Geräte haben z. B. eine Spezialtastatur und/oder lesen Datenträger spezieller Organisationsformen der Datenerfassung wie Etiketten, Belege, Plastikkarten und Klein-Magnetkarten. Beispiele spezieller Ausgabe-Geräte sind: Bildschirm mit Anzeige für Sonderzeichen der unterschiedlichsten Art, Formulardruckwerk und Sparbuchdruckwerk (ein Druckwerk für Bankbuchungs-Systeme, in das Sparbücher direkt eingelegt werden können, um Eintragungen vorzunehmen). Desweiteren kann die Datenstation mit Datenspeichern ausgerüstet sein, z. B. wenn man Datenblöcke, die als Einzeldaten anfallen, erst sammeln und überprüfen will, bevor man sie in die Datenanlage überträgt. Für solche Speicher haben sich u. a. die von Kassetten-Recordern bekannten Tonbandkassetten als preiswertes Speichermedium erwiesen; auch Magnetkarten finden Verwendung.

Die benötigten Übertragungskapazitäten der Leitungen entsprechen den in Abschnitt 4.3.1.1 genannten Werten.

4.3.1.3 Datenstationen zur Job-Stapelfernverarbeitung

Als Eingabe-Einheiten dienen Geräte zum Lesen von Datenträgern. Am meisten verwendet werden mittelschnelle Lochkartenleser (typische Lesegeschwindigkeit 300 bis 400 K/min). Daneben werden Lochstreifenleser und u. U. auch Magnetbandgeräte verwendet. Die Ausgabe erfolgt meist über einen mittelschnellen Drucker (typische Geschwindigkeit: 200 bis 300 Zeilen/min). Dieser wird gelegentlich durch einen (meist nicht allzuschnellen) Lochkarten- oder Lochstreifenstanzer ergänzt. Datenstationen zur Job-Stapelfernverarbeitung beinhalten im allgemeinen eine Bedienstation zur Steuerung des Betriebsablaufes und für einen ergänzenden, dialogähnlichen Verkehr des Bedieners mit der zentralen Datenverarbeitungsanlage. Diese Bedienstation besteht aus einer geeigneten Tastatur und einem Bildschirm oder einer Schreibmaschine. Den prinzipiellen Aufbau einer solchen Datenstation zeigt Bils 4–4.

Typische Werte für die benötigte Übertragungskapazität der Leitungen von Datenstationen für Job-Stapelfernverarbeitung sind 1000 bis 5000 Bit/sec (jeweils für den ankommenden und den abgehenden Datenkanal).

4.3.2 Intelligente Datenstationen

Datenstationen aus jeder der bisher genannten Gruppen können sinnvoll durch einen Universalrechner ergänzt werden und werden damit zu intelligenten Datenstationen. Man verwendet für Datenstationen von Abschnitt 4.3.1.1 und 4.3.1.2 sehr kleine Rechner (Mini-Computer), wobei typische Werte für die Größe des Arbeitsspeichers 5000 bis 20 000 Zeichen sind. Für Datenstationen von Abschnitt 4.3.1.3 verwendet man etwas größere Rechner. Der Rechner führt die bei den nicht intelligenten Terminals genannten Kontroll- und Umcodierungsvorgänge durch. Außerdem können gewisse Arbeiten, die während der Bearbeitung der Benutzeraufgabe anfallen, durch diesen Rechner, also in der Datenstation selbst, erledigt werden. Dadurch wird die zentrale Datenverarbeitungsanlage entlastet. Weiterhin haben intelligente Datenstationen wegen der freien Programmierbarkeit den Vorteil einer großen Anpassungsfähigkeit an die speziellen Bedürfnisse der Benutzer (z. B. betreffend den Zeichenvorrat, Steuerkommandos u. ä.). Abb. 4–5 zeigt den prinzipiellen Aufbau einer intelligenten Datenstation.

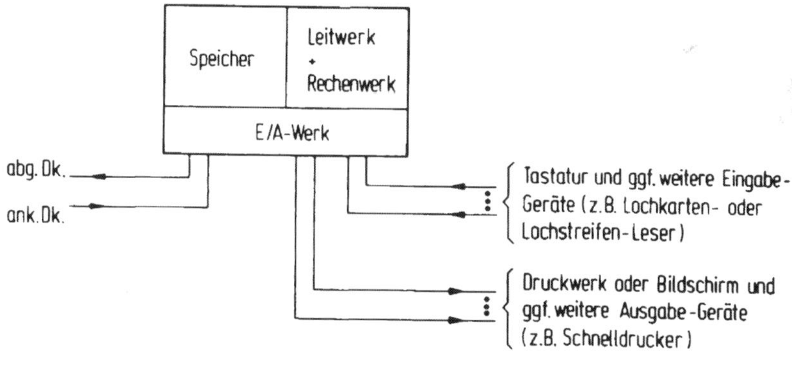

Abb. 4–5. Intelligente Datenstation

Beispiele intelligenter Datenstationen:

a) Bei Datenstationen von Sammel/Verteil-, Frage/Antwort-Systemen und von Dialog-Systemen können mittels eines Minicomputers in der Datenstation selbst relativ weitgehende Umschlüsselungs- und Prüfarbeiten vorgenommen werden.

b) Satellitenrechner für Job-Stapelfernverarbeitung:
Ein kleiner Rechner führt verschiedene Kontrollen im weitesten Sinn (etwa Syntax-Kontrollen für Programme in höheren Programmiersprachen) und u. U. gewisse Vorverarbeitungsvorgänge aus. Dann übermittelt er die Aufgabe der zentralen Datenverarbeitungsanlage zur Bearbeitung.

c) Satellitenrechner von Teilnehmer-Systemen:
Bei großen Teilnehmerrechen-Systemen kann man im Bedarfsfall eine oder mehrere Datenstationen als Unterzentrale ausbauen, an deren kleinen bis mittelgroßen Rechner neben direkt angeschlossenen Ein/Ausgabe-Geräten für Job-Stapelfernverarbeitung eine Reihe von Datenstationen für Dialogverkehr angeschlossen ist.

Die für intelligente Datenstationen benötigten Leitungen müssen ähnliche Übertragungskapazitäten haben wie für nichtintelligente Datenstationen mit gleicher Ausstattung an Ein/Ausgabe-Geräten. Beim Einsatz von Satellitenrechnern sind jedoch besonders große Datenmengen zwischen Datenstation und zentraler Datenverarbeitungsanlage zu transportieren (typischer Wert: 50 000 Bit/sec im ankommenden und abgehenden Datenkanal), wofür dann sogenannte Breitbandleitungen erforderlich sind.

4.4 Datenübertragungstechnik

4.4.1 Informationsdarstellung durch elektrische Signale

Die zwischen den Datenstationen und der zentralen Datenverarbeitungsanlage zu übermittelnden Informationen sind digitaler Natur und können demgemäß durch Binärzeichen dargestellt werden. Der Datenübertragungsweg muß also im Prinzip nur zwei verschiedene Werte eines Signales übertragen können, im Gegensatz zur Fernübertragung von analogen Signalen (z. B. kontinuierliche Meßwerte, Musik, Sprache), bei denen der Übertragungsweg alle Signalwerte innerhalb eines bestimmten Intervalls zu übertragen hat. Ein elektrischer Übertragungsweg ist im einfachsten Fall eine (zweiadrige) galvanische Verbindung zwischen Sender und Empfänger. Man kann die Binärzeichen 0, 1 durch zwei Werte von Strom (oder Spannung) darstellen. Eine sehr einfache Zuordnung zu 0, 1 ist „kein Strom, Strom". Man nennt sie unipolare Tastung oder Einfachstromtastung (s. Abb. 4–6). Eine andere Möglichkeit der Zuordnung zu 0, 1 ist

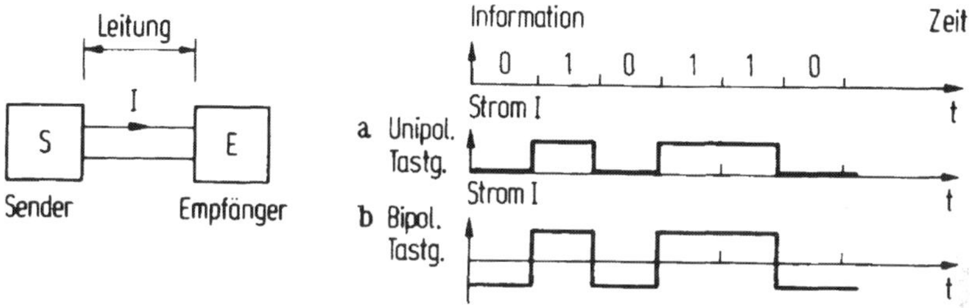

Abb. 4–6. Gleichstromtastverfahren

„negativer Strom, positiver Strom", die man bipolare Tastung oder Doppelstromtastung nennt. Beide Zuordnungsmöglichkeiten haben bezüglich technischer Eigenschaften gewisse Vorteile und sind in Verwendung. Wegen der unvermeidlichen Leitungskapazitäten und -Induktivitäten galvanischer Verbindungen können nicht beliebig schnelle Folgen von 0, 1-Werten übertragen werden. Ab einer gewissen Geschwindigkeit kommen die im Sender erzeugten rechteckigen Strom- (bzw. Spannungs-)Verläufe mehr oder weniger verformt im Empfänger an und aus dem empfangenen Signal kann nicht mehr mit Sicherheit auf die ausgesendeten 0, 1-Folgen geschlossen werden. Teilt man wie in Abb. 4–6 die Zeitachse in ein Raster mit gleichlangen Intervallen für 0 und 1 ein, dann nennt man die schnellstmögliche Folge von eindeutig rekonstruierbaren Binärzeichen pro Zeiteinheit die „Kanalkapazität" C. Bei galvanischen Verbindungen nennt man C auch Schrittgeschwindigkeit. Das Maß für die Schrittgeschwindigkeit ist 1 Bit/sec = 1 Baud. Die genaue Definition von C geht auf andere, in der Elektrotechnik definierte Größen zurück: Aus der Informationstheorie ist bekannt, daß gilt: $C = \frac{2}{f_g}$, wobei f_g die obere Grenzfrequenz bei Übertragung von sinusförmigen Signalen und Betrachtung des Übertragungsweges als idealen Tiefpaß ist. C hängt nicht davon ab, welches Tastverfahren verwendet wird (Einfachstrom-, Doppelstromtastung).

In vielen Fällen, z. B. bei Verwendung der öffentlichen Fernsprechnetze, steht jedoch keine galvanische Verbindung zur Verfügung, sondern ein elektrischer Übertragungsweg (Adernpaar), der nur Wechselströme (bzw. -spannungen) innerhalb eines gewissen Frequenzbereichs übertragen kann. Eine Fernsprechwählverbindung in der BRD kann Frequenzen zwischen 300 Hz und 3400 Hz übertragen und damit z. B. keinen Gleichstrom (oder -spannung) übertragen. Man stellt dann die Binärzeichen nicht durch zwei Werte von Gleichströmen (bzw. -spannungen) dar, sondern durch sinusförmige Wechselströme (bzw. -spannungen). Es gibt prinzipiell drei Möglichkeiten, wie man bei diesen „Wechselstromtastverfahren" vorgehen kann (s. Abb. 4–7): Das naheliegendste Verfahren ist die Einfrequenztastung. Das ist die Zuordnung von Ein/Aus eines Wechselstromes zu 0,1. (Die Einfrequenztastung entspricht bei der Übertragungstechnik für kontinuierliche Signale der Amplitudenmodulation.) Zwei weitere, ebenfalls verwendete Verfahren sind die Zweifrequenztastung (Zuordnung von zwei Wechselströmen verschiedener Frequenz zu 0, 1) und die Phasentastung (Zuordnung eines Wechselstromes bestimmter Frequenz und eines gleichfrequenten, aber um 180° phasenverschobenen Wechselstromes zu 0, 1). (Anmerkung für Elektrotechniker: Diese Verfahren entsprechen bei der Übertragungstechnik für kontinuierliche Signale der Frequenzmodulation bzw. der Phasenmodulation.)

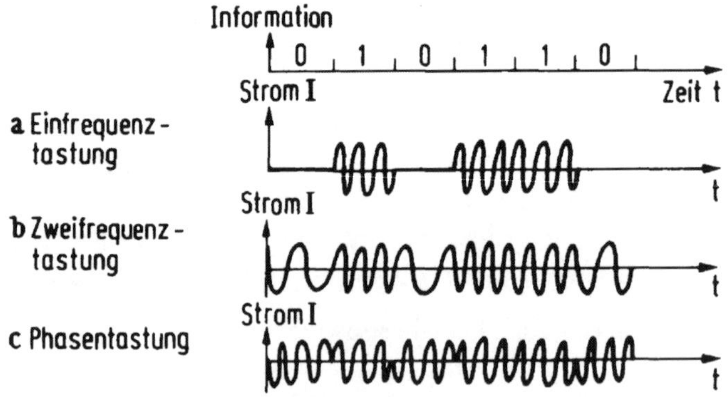

Abb. 4–7. Wechselstromtastverfahren

Wie bei den galvanischen Verbindungen gibt es auch bei Übertragungswegen, die keinen Gleichstrom übertragen können, eine obere Grenze für die Anzahl von Binärzeichen pro Zeiteinheit, die am Empfänger eindeutig aus dem empfangenen Signal erkannt werden kann. Dies ist die Kanalkapazität C. Die genaue Definition von C greift, wie oben, auf die Elektrotechnik zurück: Die Informationstheorie gibt folgenden Wert an: $C = 2 \frac{1}{f_B}$. f_B ist die Bandbreite des Übertragungsweges. Sie ergibt sich als Differenz $f_0 - f_u$ der Grenzfrequenzen. Dabei wird die Übertragungsstrecke als idealer Bandpaß betrachtet, der sinusförmige Signale mit Frequenzen f, $f_u \leqslant f \leqslant f_0$ übertragen kann. Man beachte, daß die galvanische Verbindung als Sonderfall aufgefaßt werden kann: $f_u = 0, f_0 = f_g$.

In vielen Fällen tritt nun folgendes Problem auf: Es steht ein Übertragungsweg mit einer Kanalkapazität $C = \frac{2}{f_B}$ zur Verfügung, benötigt werden aber n Übertragungswege mit einer Kanalkapazität $C_i < C$, $i = 1, \ldots, n$, wobei für C_i vorausgesetzt wird $\sum_{i=1}^{n} C_i = C$. Dann besteht die Möglichkeit, die Gesamtkapazität C in mehrere Unterkanäle aufzuteilen, die unabhängig voneinander Information übertragen können; C_i ist dabei die Kanalkapazität des i-ten Unterkanals. Für diese Unterteilung gibt es zwei Möglichkeiten: „Frequenzmultiplex" und „Zeitmultiplex". Beim Frequenzmultiplex wird das f_B breite Frequenzband in mehrere Frequenzabschnitte unterteilt, denen man je einen Kanal zuordnet. Die Signale werden (mit elektrotechnischen Begriffen ausgedrückt) durch entsprechende mehrfache „Modulation" in die entsprechende „Frequenzlage" gebracht. „Frequenzfilter" trennen die einzelnen Kanäle voneinander. Beim Zeitmultiplex werden die Kanäle durch zeitliche Unterteilung gewonnen. Für den einzelnen Unterkanal steht der Übertragungsweg jeweils für kurze Zeitabschnitte in meist periodischer Wiederholung zur Verfügung.

4.4.2 Betriebsarten von elektrischen Übertragungswegen

Ein wichtiges Kennzeichen der Datenübertragung ist, in welcher Richtung Daten übertragen werden sollen. Die einfachste Art ist der

Simplexbetrieb (s. Abb. 4–8), bei dem die Übertragung nur in einer Richtung geschieht. Beim Halbduplexbetrieb geschieht die Übertragung abwechselnd, beim Duplexbetrieb gleichzeitig in beiden Richtungen. Nicht alle Datenübertragungswege sind dazu geeignet, Daten in beiden Richtungen zu transportieren. Oft ist nur eine Richtung möglich, z. B. wegen zwischenschalteter Verstärker. Simplexbetrieb ist mit solchen Leitungen möglich; bei Duplexbetrieb braucht man für jede Richtung eine, also zwei solche Leitungen. Leitungen ohne zwischengeschaltete Verstärker sind im allgemeinen für beide Übertragungsrichtungen geeignet. Es gibt jedoch auch Verstärkeranordnungen, die eine Leitung dazu befähigen, in beiden Richtungen Daten zu transportieren. Mit solchen Leitungen ist Halbduplexbetrieb möglich.

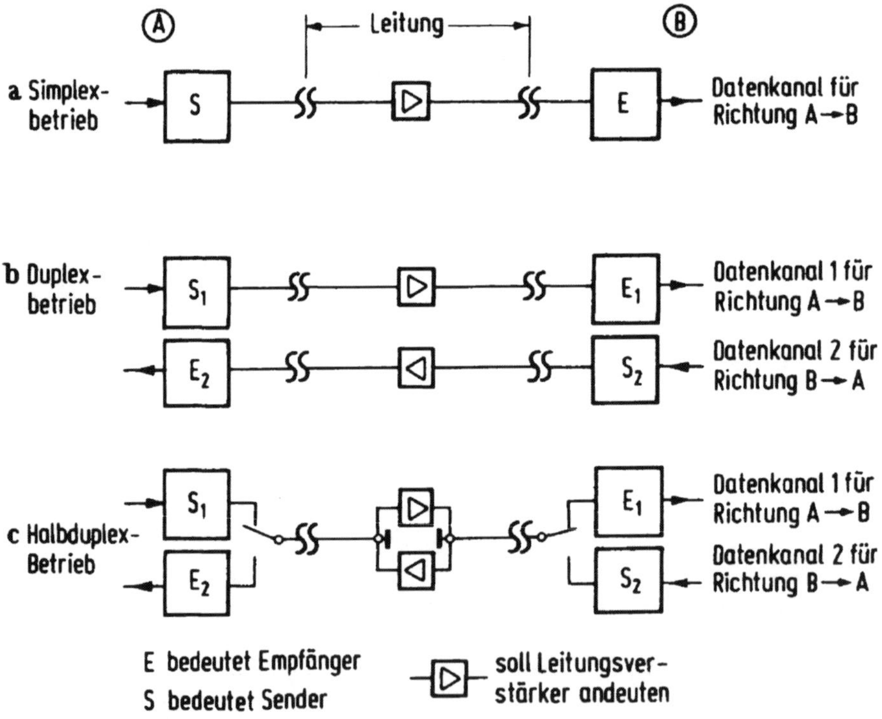

Abb. 4–8. Betriebsweisen von Übertragungswegen

Das eben über Übertragungsrichtungen Gesagte gilt – falls man einen Übertragungsweg mittels Frequenz- oder Zeitmultiplex in mehrere Unterkanäle aufteilt – auch jeweils für die Menge aller Unterkanäle. Bei der Übertragung von Daten werden meist gewisse Steuersignale benötigt. Für diese muß parallel zum eigentlichen Datenübertragungsweg (Datenkanal) ein weiterer Weg (Hilfskanal) zur Verfügung stehen. Da die Menge der zu übertragenden Steuersignale im allgemeinen sehr gering ist, reicht eine geringe Kanalkapazität für den Hilfskanal aus. Mittels Zeit- oder Frequenzmultiplexverfahren richtet man benötigte Hilfskanäle meist auf der Datenleitung mit ein und legt nicht etwa eine gesonderte Leitung an. Der Hilfskanal wird duplexfähig zum jeweiligen Datenkanal für die Gegenrichtung ausgebildet. Ein Beispiel für die Einrichtung von Hilfskanälen in einem Duplexsystem zeigt Abb. 4–9.

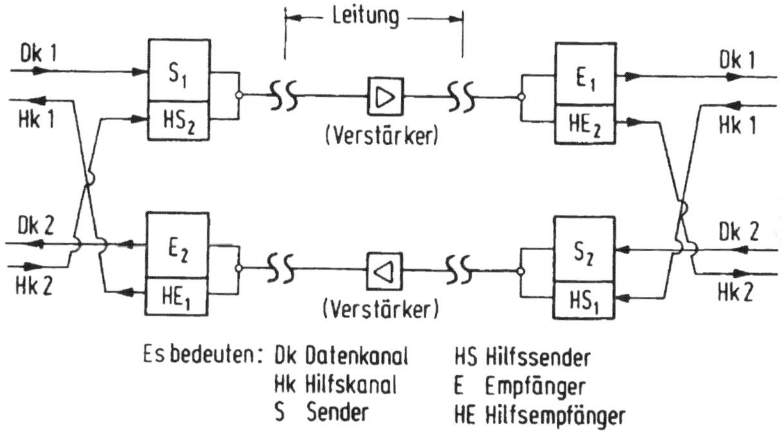

Abb. 4–9. Duplexsystem mit Hilfskanälen

Statt von Sender und Empfänger spricht man oft von Modulator und Demodulator und nennt das bei Duplex- und Halbduplexbetrieb an jedem Ende des Datenübertragungsweges vorhandene und im allgemeinen konstruktiv zu einer Einheit zusammengefaßte Paar Modulator-Demodulator kurz „Modem“ (s. Abb. 4–10).

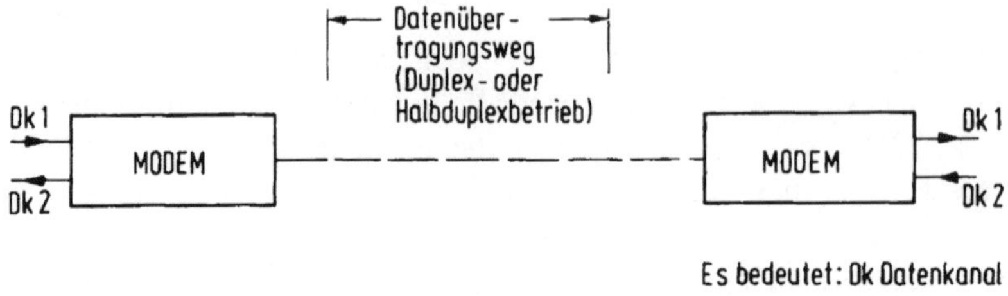

Abb. 4–10. Vereinfachte Darstellung einer Datenübertragungsstrecke

Schließlich sei erwähnt, daß bei den meisten Datenübertragungswegen $f_u > 0$ ist. Es muß also meist ein Wechselstromtastverfahren angewendet werden.

4.4.3 Übertragungsfehler

Insbesondere bei längeren Leitungen sind Einkoppelungen von mehr oder weniger häufigen Störimpulsen unvermeidlich. Dadurch können einzelne Bits oder Bitgruppen verfälscht werden. Verfahren, um im Falle gestörter Leitungen eine möglichst fehlerfreie Datenübertragung zu ermöglichen, bietet die Theorie der Codierung an. Sie besagt, daß, bei Hinzufügen von weiterer Information (redundante Information) zu der eigentlich zu übertragenden Information, die Möglichkeit besteht, Übertragungsfehler zu erkennen. Das ist die Fehlerkennung durch Codierung mit redundanzerzeugenden Codes. Die Folge ist allerdings, daß für die Übermittlung der Daten nicht mehr die volle Übertragungskapazität C zur Verfügung steht, sondern nur noch der Wert $C_0 = C - C_R$. Dabei ist C_R die für die vorgesehene redundante Information benötigte Übertragungskapazität.

Die Erkennung von Fehlern geschieht im Empfänger durch Auswertung der angekommenen Signalfolge. Wird ein Fehler erkannt, dann muß eine Fehlerkorrektur erfolgen. Die dazu im allgemeinen verwendete Methode ist, durch entsprechende Quittungssignale eine nochmalige Übertragung des als fehlerhaft erkannten Informationsblockes anzustoßen (Fehlerkorrektur durch Wiederholung). Es gibt prinzipiell noch eine weitere Möglichkeit Fehler zu korrigieren, nämlich durch Verwendung sogenannter fehlererkennender und korrigierender Codes. Bei diesen ist es möglich, nicht nur zu erkennen, daß ein Übertragungsfehler vorliegt, sondern auch die gesendete Nachricht trotz des Fehlers richtig zu rekonstruieren. Solche Codes verlangen jedoch eine sehr hohe Redundanz und sind in den hier interessanten Fällen bisher nicht verwendet worden. Schließlich sei noch bemerkt, daß fehlererkennende Codes nur bis zu einem gewissen maximalen Maß von Störungen wirksam sind. Sind die Störungen zu stark, dann können u. U. nicht alle Fehler erkannt werden. Analoges gilt für fehlererkennende und korrigierende Codes: Sie sind nur bis zu einem bestimmten Maß imstande, Fehler automatisch zu erkennen und zu korrigieren.

Bei Fehlerkorrektur durch Wiederholung sinkt also die tatsächlich erreichbare Datenübertragungsrate C_T eines Datenkanals um so mehr unter den Wert $C_0 = C - C_R$, je stärker die Störungen sind. Man nennt C_T die Transferrate eines Datenübertragungsweges.

Da nicht immer alle Fehler erkannt und also korrigiert werden können, enthält die schließlich vom Empfänger als „richtig" abgegebene Information noch gewisse Fehler. Man beschreibt die Richtigkeit der Nachrichten dann durch Fehlerraten, meist bezogen auf Zeichen (andere Definitionen beziehen sich auf Bits oder ganze Informationsblöcke). Den theoretischen Grenzwert des Quotienten

$\frac{\text{Zahl falscher Zeichen}}{\text{Zahl ausgesendeter Zeichen}}$ nennt man Zeichen-Restfehlerwahrscheinlichkeit. (Die Bit- und Block-Restfehlerwahrscheinlichkeit sind analog definiert.) Bei Datenübertragungszwecken schwanken die Anforderungen an die Fehlersicherheit je nach Anwendung. U. U. ist eine Zeichenrestfehlerwahrscheinlichkeit von $10^{-5} \ldots 10^{-6}$ schon ausreichend. Dann kann man die üblichen Leitungen evtl. ohne Fehlerschutzeinrichtungen verwenden, wie die folgenden Beispiele für durchschnittliche Zeichenfehlerwahrscheinlichkeiten zeigen:

Festgeschaltete Fernschreibleitung:	$10^{-5} \ldots 10^{-6}$
Fernschreibwählverbindungen:	$5 \cdot 10^{-5} \ldots 10^{-6}$
Festgeschaltete Fernsprechleitungen:	$10^{-4} \ldots 10^{-5}$
Fernsprechwählverbindungen:	$5 \cdot 10^{-5}$

In den meisten Fällen verlangt man jedoch bessere Fehlersicherheiten, so daß eine Fehlerkorrektur stattfinden muß. In besonderen

Fällen werden Werte bis zu 10^{-9} für die Restfehlerwahrscheinlichkeit verlangt. Dieser Wert bedeutet, daß im Mittel von 10^9 übermittelten Zeichen nur eines falsch sein darf. Bei einem Fernschreibbetrieb mit 50 Baud Schrittgeschwindigkeit und Fünfer-Code (üblicher Fernschreiber) entspricht das im Mittel einem falschen übermittelten Zeichen in ca. 4 Jahren ununterbrochenem Betrieb! Derartige Fehlersicherheiten können in der Praxis aber tatsächlich erreicht werden. Gegenüber der Verwendung einer ungeschützten Übertragung über Leitungswege ist das eine enorme Verbesserung der Übertragungssicherheit. Eine vereinfachte Darstellung einer Datenübertragungsstrecke mit Fehlerkorrektur durch Wiederholung zeigt Abb. 4–11.

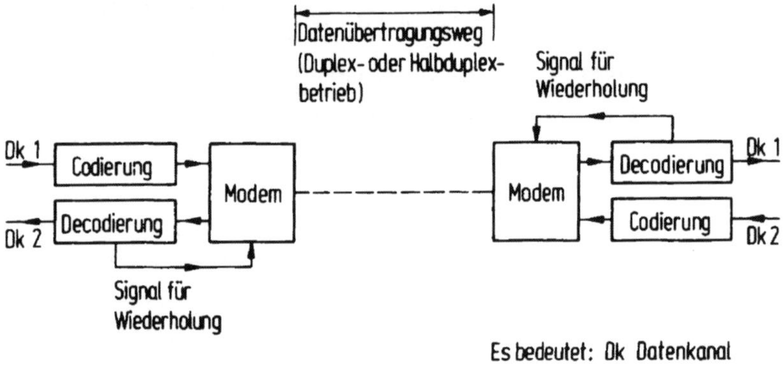

Abb. 4–11. Vereinfachte Darstellung einer Datenübertragungsstrecke mit Fehlerkorrektur durch Wiederholung

4.5 Datenübertragungsnetze

Die zwischen Datenstationen und zentraler Datenverarbeitungsanlage notwendigen Leitungen können bei nicht allzugroßen Entfernungen (etwa innerhalb eines Werksgeländes) speziell hierfür verlegt werden. Befinden sich jedoch zentrale Datenverarbeitungsanlage und Datenstation nicht auf demselben Grundstück, dann müssen z. B. in der BRD wegen des Nachrichtenmonopols der Postverwaltung deren Nachrichtenwege verwendet werden. Bei größeren Entfernungen wäre es auch im allgemeinen wirtschaftlich nicht sinnvoll, für jede einzurichtende Datenstation eine spezielle Leitung zu verlegen. Vielmehr ist es günstiger, vorhandene Leitungen eines öffentlichen Netzes für die Installations-Dauer einer Datenstation gegen Bezahlung zu benützen (Miete).

4.5.1 Private Standverbindungsnetze

Die einfachsten Netze entstehen durch Anmieten sogenannter Standverbindungsleitungen. Zur Zeit wird diese Möglichkeit z. B. für den Datenaustausch innerhalb großer Organisationen gerne verwendet. Durch gemietete Leitungsabschnitte werden so private Standverbindungsnetze aufgebaut. Das Wort „Stand“ deutet dabei daraufhin, daß die gemieteten Leitungsabschnitte dauernd und ganztägig zur Verfügung stehen, im Gegensatz zu kurzzeitig benützten Leitungsabschnitten bei der weiter unten besprochenen Verwendung öffentlicher Wählnetze. Standverbindungsleitungen werden z. B. in der BRD von der Bundespost für die verschiedensten Werte der Übertragungskapazität C angeboten (Telegraphenstromwege bis 200 Baud, Fernsprechstromwege bis 2400 Baud, spezielle Breitbandstromwege bis 10^5 Baud; (vgl. Band I, Abschnitt 3).

4.5.2 Öffentliche Wählnetze

Im Gegensatz zu den privat mittels Standverbindungsleitungen aufgebauten Netzen stehen die weltweiten öffentlichen Wählnetze:
Das Fernschreibwählnetz (Telex-Netz) und das Fernsprechwählnetz. Daneben gibt es in der BRD das sogenannte Datexnetz (ein neues Wählnetz zur Übertragung digitaler Daten). Es ist im Aufbau begriffen. Telexnetz und Datexnetz stellen Leitungen für Gleichstromtastverfahren (50 bzw. 200 Baud) zur Verfügung, das Fernsprechnetz stellt mittelschnelle Leitungen für Wechselstromtastverfahren (zur Zeit bis 2400 Baud) zur Verfügung. Alle drei haben den Vorteil einer sehr großen Teilnehmerzahl und sind weitverbreitet. Sie sind vielfach vermascht und deshalb besser gegen Ausfall der Verbindungsmöglichkeit geschützt als ein privates Standverbindungsnetz. Der Verbindungsaufbau geschieht wie üblich durch Wählen. Wenn die Verbin-

dung aufgebaut ist, besteht ein Leitungsweg an dessen beiden Enden gegebenenfalls benötigte Modems und, falls Fehlersicherung und -Korrektur gewünscht wird, die entsprechenden Codier- und Dekodiereinrichtungen angeschlossen werden. Die Verbindung wird, wenn nicht mehr benötigt, wie üblich abgebrochen.

4.5.3 Verbindungsaufbau

Die Zeit zum Aufbauen von Verbindungen in öffentlichen Netzen dauert, entsprechend dem Wählvorgang, einige bis mehrere Sekunden. Diese Zeit ist für viele Frage/Antwort-Systeme und Dialog-Systeme zu lang. Bei diesen sind ja die Anschaltzeiten verhältnismäßig kurz, oft sind es nur wenige Sekunden oder Sekundenbruchteile. Es wird jedoch eine schnelle Reaktion verlangt (Beispiel: Buchungsaufgaben), die wegen der verhältnismäßig langen Zeit zum Aufbau von Verbindungen in öffentlichen Netzen nicht erreicht werden kann. Deshalb eignen sich die konventionellen Netze nur für Datenfernverarbeitungs-Systeme, deren Datenstationen niederen Benutzungsgrad, nicht allzu hohe Dringlichkeit und lange Anschaltzeiten haben (Beispiele: Teilnehmer-Rechensysteme, Stapelfernverarbeitung und gewisse Dialog-Systeme).

Abhilfe wird in der Praxis durch Aufbau privater Netze aus gemieteten Standverbindungsleitungen geschaffen, bei denen man Verbindungsaufbau und -Abbauzeiten in der Größerordnung von 10^{-1} sec erreicht. In den letzten Jahren läuft allerdings die Entwicklung eines neuen öffentlichen Datennetzes („Elektronisches Datenvermittlungs-System", kurz EDS genannt) an, das Verbindungsaufbau und -abbauzeiten unter 0,1 sec haben, Datenübertragungswege von 50 Baud bis $60 \cdot 10^3$ Baud Übertragungskapazität zur Verfügung stellen und Bit-Fehlerwahrscheinlichkeiten besser als 10^{-6} haben soll. Dabei hat sich als Modulationsverfahren das Pulscodeverfahren („PCM") als besonders geeignet herausgestellt. PCM ist eine Modulationstechnik, die das Zeitmultiplexverfahren zur Mehrfachausnützung von breitbandigen Leitungswegen benützt. Dieses Verfahren ist für Datenübertragungszwecke in wirtschaftlicher und technischer Hinsicht besser geeignet als das Frequenzmultiplexverfahren, das ja ursprünglich zur Übertragung kontinuierlicher Signale („Analog-Signale") gedacht war. Auf lange Sicht ist ein einheitliches öffentliches PCM-Übertragungsnetz für alle Datenübertragungszwecke zu erwarten, in dem voraussichtlich sogenannte Speichervermittlungen (Vermittlungseinrichtungen, die sich des Zeitmultiplexverfahrens bedienen und eine rechnerähnliche Steuerung haben) eingesetzt werden. In den USA werden derartige Datennetze bereits von privaten Firmen an einigen Stellen angeboten, in Europa ist die schrittweise Einführung geplant. Die europäischen Postverwaltungen haben sich bereits auf internationaler Ebene auf ein gemeinsames System geeinigt. Es soll Datenkanäle bis zu ca. $60 \cdot 10^3$ Baud Übertragungskapazität zur Verfügung stellen.

4.5.4 Bemerkungen

Zum Abschluß dieses Abschnittes über Datenübertragungsnetze seien noch einige Einzelheiten des heutigen Betriebs von Datennetzen erwähnt.

4.5.4.1 Netzstrukturen privater Standverbindungsnetze

Da die Verbindungsaufbauzeiten der derzeitigen öffentlichen Wählnetze für dic meisten Frage/Antwort-Systeme und realzeitähnlichen Datenverarbeitungs-Systeme lang sind, ist man hier darauf angewiesen, private Standverbindungsnetze aufzubauen. Für Standverbindungsleitungsabschnitte müssen relativ hohe Mieten gezahlt werden. Deshalb versucht man die Leitungen möglichst gut auszunützen. Man betreibt dann jeweils mehrere, örtlich nahe beieinander gelegene Datenstationen über eine gemeinsame, mittels Frequenz- oder Zeitmultiplex in mehrere Unterkanäle aufgeteilte, zur zentralen Datenverarbeitungsanlage gehende Leitung. Das führt zu einer sternförmigen Struktur der privaten Standverbindungsnetze, wenn kurze Verbindungsaufbauzeiten benötigt werden (s. Abb. 4–12).

Eine ganz andere Struktur haben private Standverbindungsnetze für sehr weit entfernte Datenstationen. Dort kommt es aus Kostengründen oft weniger auf kurze Reaktionszeiten als auf die gute Leitungsausnützung an: Man versucht dann alle Datenstationen und die zentrale Datenverarbeitungsanlage durch einen einzigen Leitungszug mit möglichst kurzer Gesamtlänge zu verbinden (Party-Line). Alle Teilnehmer dieser Leitung sind in einer Art Konferenz-Schaltung miteinander verbunden (s. Abb. 4–13). Jede Datenstation kann die zentrale Datenverarbeitungsanlage rufen. Auch die Datenverarbeitungsanlage kann jede Datenstation rufen. Natürlich ist immer nur die Verbindung zwischen Zentrale und einer Datenstation möglich. Der Verkehr bei Konferenz-Schaltungen ist im allgemeinen zeitlich ungeregelt. Wünscht man einen geregelten Verkehr, z. B. wenn regelmäßig eine Verbindungsmöglichkeit zwischen der zentralen Datenverarbeitungsanlage und jeder Datenstation möglich sein soll, dann führt man einen „Abrufbetrieb" auf der Leitung ein. (Im Englischen spricht man dann von Polling-Line.) Dabei gibt es ent-

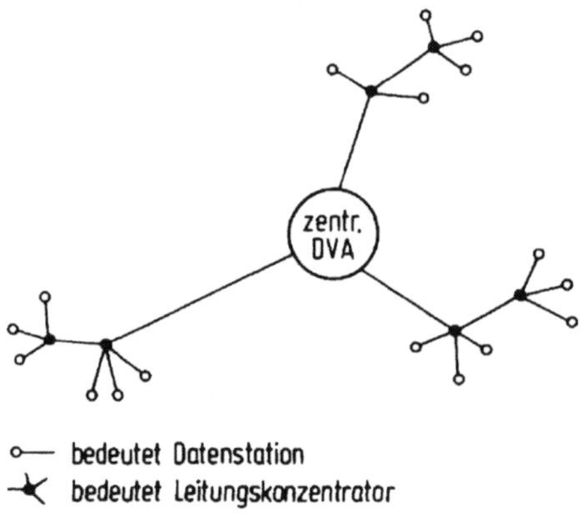

Abb. 4–12. Sternnetz

weder die Möglichkeit, die Abrufe für Datenblöcke von den Datenstationen bzw. zu den Datenstationen hin periodisch von der zentralen Datenverarbeitungsanlage auszusenden, oder einen Zyklus einzuführen, bei dem die jeweils aktive Datenstation bei Ende ihrer Arbeit die in der zeitlichen Reihenfolge nächste Datenstation anruft und damit aktiviert.

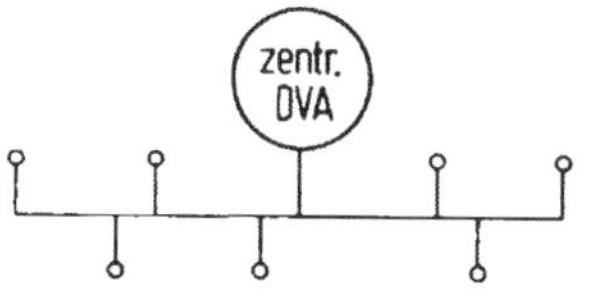

Abb. 4–13. Gemeinsame Leitung für Konferenz- oder Abrufbetrieb

4.5.4.2 Die akustische Ankopplung

Die akustische Ankopplung ist eine Anschlußmöglichkeit für Datenstationen, wenn man als Datenübertragungsnetz ein Fernsprechwählnetz verwendet. Sie wird in Europa noch nicht, aber in den USA oft verwendet. Dabei wird an den netzseitigen Ausgang des Modems der Datenstation ein kleiner Lautsprecher und an seinen netzseitigen Eingang ein Mikrophon angeschlossen. Der Betrieb geschieht wie folgt: Die Verbindung zur zentralen Datenverarbeitungsanlage wird wie üblich durch Wählen am Telephon hergestellt. Dann legt man das Mikrophon auf die Hörmuschel des Telephonhörers und den Lautsprecher auf die Sprechmuschel. Damit ist die Verbindung zwischen Datenstation und zentraler Datenverarbeitungsanlage hergestellt.
Die akustische Kopplung kann mit Vorteil für kleine tragbare Datenstationen eingesetzt werden, die z. B. zu einem Teilnehmerrechen-System gehören. Der Anwender der Datenstation kann diese an einen beliebigen Ort mitnehmen und von dort aus über den Telephonanschluß betreiben.

4.6 Vorkehrungen an der zentralen Datenverarbeitungsanlage

Um eine Datenverarbeitungsanlage für Datenfernverarbeitungs-Systeme funktionsfähig zu machen, sind bestimmte hardwaremäßige und softwaremäßige Vorkehrungen notwendig.

4.6.1 Hardware

Auf der Hardwareseite sind es zunächst eine Datenübertragungssteuereinheit, Leitungsendgeräte und ggf. Modems. Weiterhin muß berücksichtigt werden, daß bei der Datenfernverarbeitung im allgemeinen in viel stärkerem Maße als bei der Stapelverarbeitung von der Möglichkeit, große Informationsmengen in der Datenverarbeitungsanlage zu speichern, Gebrauch gemacht wird. Deswegen sind die für die Datenfernverarbeitung verwendeten Rechenanlagen meist mit einer Anzahl von verschiedenen Großraumdatenspeichern mit direktem Zugriff (insbesondere Trommelspeicher und Plattenspeicher) ausgerüstet.

Die Datenübertragungssteuereinheit und die Leitungsendgeräte sollen nun etwas näher erläutert werden. Dazu sei daran erinnert, daß die Zentraleinheit einer Datenverarbeitungsanlage mit ihren peripheren Geräten (Lochkarten- und Lochstreifengeräte, Trommel-, Platten-, Bandspeicher, Drucker etc.) über „Kanäle" (Multiplex- und Selektor-Kanäle) verkehrt. Dies sind Übertragungswege zwischen dem Arbeitsspeicher und den peripheren Geräten. Über Kanäle ist – insbesondere bei großen Anlagen – die Übertragung von Daten von und zum Arbeitsspeicher nach Anstoß durch die Zentraleinheit meist selbständig und ohne weitere Inanspruchnahme der Zentraleinheit möglich. Die Übertragungsgeschwindigkeit wird vom langsameren Partner bestimmt. Dies ist – von sehr schnellen Plattenspeichern u. ä. abgesehen – das periphere Gerät. Man beachte nun, daß die Kanalkapazität eines Rechnerkanals wesentlich höher als die Kanalkapazität der meisten Leitungen ist. Deshalb kann man eine Vielzahl von Leitungen anschließen, ehe die Kanalkapazität des Rechnerkanals ausgeschöpft ist. Die oben genannte Datenübertragungssteuereinheit fügt sich in das Konzept der Kanäle ein: Sie wird wie ein peripheres Gerät an einen geeigneten Kanal angeschlossen und bedient eine Reihe von Leitungen über je ein Leitungsendgerät. Aufgabe der Datenübertragungseinheit ist es, die Ein/Ausgabe-Wünsche der Leitungsendgeräte abzuarbeiten. Die Übertragungssteuereinheit bedient die Leitungsendgeräte im Zeitmultiplexverfahren nach einer Prioritätenregelung.

Aufgabe der Leitungsendgeräte ist es, die Unterschiede zwischen den Informationsdarstellungen in der Datenverarbeitungsanlage (zeichenweise, bitweise, parallel oder in Serie) und auf den Leitungen (Zeichendarstellung, synchron- oder Start/Stop-Übertragung, Bitzahl pro Zeichen) zu überbrücken. Man unterscheidet – entsprechend dem allgemeinen Fall einer Duplexdatenübertragung – Leitungsendgeräte für Eingabe und für Ausgabe: Eingabeleitungsendgeräte empfangen die zeitlich seriell auf der Leitung ankommenden Bits und setzen sie in eine der Datenverarbeitungsanlage gemäße Darstellung um, Ausgabeleitungsendgeräte haben die analog dazu umgekehrte Aufgabe. Beide Arten beinhalten u. a. ein Sammelregister, um die angekommenen Bits zu sammeln und zu Zeichen zusammenzustellen bzw. Zeichen, die zur Ausgabe anstehen, in bitserielle Form für die Leitung umzusetzen und dann abzusenden.

Der prinzipielle Aufbau einer Datenverarbeitungsanlage für Datenfernverarbeitung ist in Abb. 4–14 dargestellt.

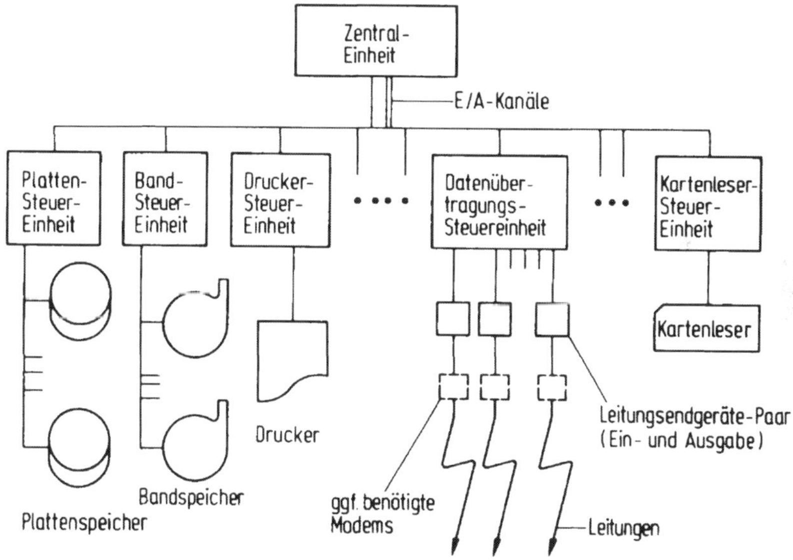

Abb. 4–14. Aufbau einer Datenverarbeitungsanlage für Datenfernverarbeitung

4.6.2 Software

Neben den hardwareseitigen Systemvorkehrungen sind softwareseitige Vorkehrungen nötig. Diese bauen darauf auf, daß für das betreffende Datenfernverarbeitungs-System geeignete Dialog-,

Steuer- bzw. Frage/Antwort-Kommandos definiert sind und vom Betriebsystem der Datenverarbeitungsanlage verstanden werden und daß innerhalb des Betriebsystems Organisation und geeignete Sprachmittel zum Betrieb der Großraumspeicher zur Verfügung stehen (vgl. Bd. I, Abschnitt 6). Es müssen jedoch neue folgende Betriebs-System-Komponenten dazukommen: Leitungssteuerung und Nachrichtensteuerung. Die Leitungssteuerung führt Empfang und Aussendung von Daten durch. Sie bedient sich dabei gewisser, im Arbeitsspeicher der Datenverarbeitungsanlage angelegter Gebiete als Pufferspeicher. Einzelaufgaben sind etwa: Umcodierungen, Fehleranalyse, Einleitung und Überwachung der Übertragung von Zeichen und Datenblöcken, Abprüfen angekommener Information auf Steuerzeichen usw. Die Nachrichtensteuerung hat die ankommenden Informationen auf enthaltene Dialog-, Steuer- oder Frage/Antwort-Kommandos zu untersuchen, sie in Warteschlangen einzureihen, diese Warteschlangen zu verwalten und die Warteschlangen nach gegebenen Prioritätsregeln abzuarbeiten, indem die Ausführung der Kommandos veranlaßt wird (z. B. Laden und Starten von Programmen oder Programmteilen) usw.

4.6.3 Gesichtspunkte bei der Realisierung

Die eben besprochenen hardware- und softwaremäßigen Vorkehrungen sind notwendig, um die zu den Komponenten Datenübertragungsweg und Datenstation (z. B. in Bezug auf Geschwindigkeit, Informationsdarstellung u. ä.) höchst inkompatible zentrale Datenverarbeitungsanlage anzupassen. Gesichtspunkte bei der Realisierung der hard- und softwaremäßigen Systemvorkehrungen sind: Flexibilität gegenüber Konfigurationsänderungen, Wirtschaftlichkeit (Leitungsausnützung), Systemsicherheit gegen Fehler und Ausfälle, Datensicherung gegen Mißbrauch, unbeabsichtigte oder absichtliche Zerstörung u. ä. Weiter muß darauf geachtet werden, daß Typen und Anzahl der Datenstationen und Leitungen leicht geändert werden können, mit möglichst wenig Aufwand später hinzugekommene neue Typen aufgenommen werden können und daß die durch Leitungs- und Nachrichtensteuerung entstehende Belastung der Zentraleinheit nur einen geringen Teil der Gesamtleistung der Datenverarbeitungsanlage beträgt. Dabei ist die Schnittstelle zwischen hardware- und softwaremäßig realisierten Komponenten der Gesamtmenge von zu realisierenden Funktionen nicht von vornherein festgelegt. Es ist eine Frage von technischen und wirtschaftlichen Überlegungen, wo diese Schnittstelle gelegt wird. Ein Gesichtspunkt dabei ist, daß es sehr teuer ist, elementare Verarbeitungsvorgänge des Datenverkehrs wie z. B. Speicherung von Zeichen, Umcodierung, Heraussuchen von Steuerzeichen etc. in der Zentraleinheit zu erledigen. Also liegt es nahe, für diese Aufgaben geeignete Hardwarekomponenten vorzusehen, und zwar insbesondere in der Datenübertragungssteuereinheit, den Leitungsendgeräten und in den Datenstationen selbst. Neben den zusätzlichen Kosten für solche Erweiterungen der Hardware ergibt sich der Nachteil, daß eine sehr weitgehende Realisierung von Funktionen durch Hardware eine starke Unflexibilität des Gesamtsystems gegenüber Änderungswünschen nach sich zieht.

Ein neues Konzept, das bereits Mitte der 60er Jahre entworfen wurde, aber erst seit kurzer Zeit in größerem Maße Verwendung findet, sieht wie folgt aus: Statt Datenübertragungssteuereinheit plus Leitungsendgeräte verwendet man einen speziellen kleinen bis mittelgroßen Rechner. Er ist zur Ablage von Benutzer-Kommandos und Aufgaben, die nicht sofort vom zentralen Rechner bedient werden können, mit einem großen Datenspeicher (Wartenschlangen-Speicher) ausgerüstet. Man nennt solche Rechner „front-end"-Rechner, im Gegensatz zur zentralen Rechenanlage, die man dann „back-end"-Rechner nennt. Front-end-Rechner sind sehr anpassungsfähig an die verschiedensten Änderungen des Datenstationenparks und des Leitungsnetzes, sowie spezielle Benutzerwünsche.

Ein sehr erfolgversprechendes Konzept, das in neuester Zeit diskutiert wird, nützt aus, daß kleine Universalrechner immer billiger werden: Man statte also alle Datenstationen damit aus und hat dann nur noch „intelligente Datenstationen". Die Kleincomputer verwende man für die oben genannten elementaren Aufgaben. Gegenüber Änderungen am Benutzer-Interface ist man nun sehr flexibel, da man nur die Kleincomputerprogramme ändern muß. Die Verwendung solcher intelligenten Datenstationen vereinfacht die Hardwarekomponenten Datenübertragungssteuereinheit plus Leitungsendgeräte (bzw. den Front-end-Rechner) und die zugehörigen Softwarekomponenten.

4.7 Rechnerverbund-Systeme

Bisher war davon ausgegangen worden, daß die elektrische Datenfernübertragung zum Datentransport zwischen einer zentralen Datenverarbeitungsanlage und ihren Datenstationen eingesetzt wird. Leitungsnetze für die so entstehenden Datenfernverarbeitungs-Systeme wurden im Abschnitt 4.5 besprochen. Dabei war als Sonderfall einer Datenstation der eines kleineren bis mittleren Rechners aufgetreten (Satellit), an den seinerseits Datenstationen angeschlossen sind. Im Satellitenrechner können kleinere Arbeiten direkt ausgeführt werden, und erst wenn die Fähigkeiten des Satelliten überschritten werden, wird die zentrale Datenverarbeitungsanlage mit zur Bearbeitung der Aufgabe herangezogen oder ihr die gesamte Aufgabe übergeben. Dabei entsteht ein sehr starker Datenfluß zwischen Satellit und zentraler Datenverarbeitungsanlage, der in kurzer Zeit abgewickelt werden muß, um die Bearbeitungszeit der Aufgaben nicht merklich zu erhöhen. Es werden Datenübertragungswege mit hohen Kanalkapazitäten benötigt. Die Verbindung der zentralen Datenverarbeitungsanlage eines Datenfernverarbeitung-Systems mit Satellitenrechnern stellt den einfachsten Fall eines Rechnerverbund-Systems dar.

Der allgemeine Fall eines Rechnerverbund-Systems ist jedoch die Verbindung nicht eines Großrechners mit kleinen Satelliten, sondern diejenige von Rechenanlagen ähnlicher Größe und eventuell weiteren kleineren Anlagen über im allgemeinen schnelle Datenübertragungswege. In einem Rechnerverbundnetz ist eine Menge von gegenseitig mehr oder weniger unabhängigen Datenverarbeitungsanlagen verbunden. Das Ziel eines solchen Verbundes ist, die Hilfsmittel der einzelnen Datenverarbeitungsanlagen gegenseitig auszunützen. Es werden z. B. die Datenbanken und deren Inhalte gegenseitig zur Verfügung gestellt, Programme ausgetauscht, und die Rechner helfen sich gegenseitig mit Rechenleistung aus. Man erreicht damit Hilfe bei versehentlichen Zerstörungen von Information in einer Datenbank, denn es besteht eine gewisse Rückgriffsmöglichkeit auf die anderen Datenbanken gleichen Inhaltes; weiter ergibt sich eine Lastverteilung, denn eine überlastete Datenverarbeitungsanlage kann Aufgaben an andere, momentan weniger belastete Datenverarbeitungsanlagen weitergeben. Außerdem kann mit einer erhöhten Zuverlässigkeit des Gesamtsystems gerechnet werden, denn bei Ausfall von Anlagenteilen in einer Datenverarbeitungsanlage können Aufgaben ganz oder teilweise in anderen Datenverarbeitungsanlagen erledigt werden.

Die erforderliche Kanalkapazität der Leitungen für Rechnerverbund-Systeme schwankt zwischen ca. $5 \cdot 10^3$ Baud (Leitung zu einem kleinen Satellitenrechner) und 10^7 Baud (Leitungen zwischen Großrechenanlagen). In den USA ist bereits eine erhebliche Anzahl von Rechnerverbundnetzen unterschiedlichster Struktur und Größe der Datenverarbeitungsanlagen in Betrieb; auch Leitungen für 10^7 Baud sind realisiert. In Europa werden zur Zeit Leitungen bis 10^4 Baud (in Sonderfällen bis $5 \cdot 10^4$ Baud) von den Postverwaltungen angeboten. Dementsprechend sind in Europa Rechnerverbundnetze derzeit noch verhältnismäßig selten und beschränken sich wegen der geringeren zur Verfügung stehenden Kanalkapazitäten auf Anwendungsfälle mit nicht allzugroßem Datentransport zwischen den Datenverarbeitungsanlagen des Netzes.

4.8 Kostengesichtspunkte und einige Anwendungsbeispiele der Datenfernverarbeitung

4.8.1 Kostengesichtspunkte

Betrachtet man das derzeitige Marktangebot von Datenverarbeitungsanlagen nach Preis und der Möglichkeit, sie wirkungsvoll als Zentrum eines Datenfernverarbeitungs-Systems einzusetzen, so zeigt sich eine untere Preisgrenze, unterhalb derer keine oder nur eine spezielle Anwendungsmöglichkeit besteht (etwa 0,3 ... 0,5 Millionen DM Jahresmiete). Datenfernverarbeitungs-Systeme sind also erst ab einer gewissen Größe sinnvoll. Daneben hat man bei der Planung eines

Datenfernverarbeitungs-Systems zu beachten, daß die Kosten für Datenstationen und Leitungen einen erheblichen Anteil der Gesamtkosten ausmachen und von vornherein eingeplant werden müssen. So können die Kosten für Datenübertragungswege und Datenstationen bei einem gut ausgebauten und/oder weitverzweigtem Leitungsnetz 30% (u. U. sogar mehr) der Gesamtmietkosten ausmachen.

Denkt man jedoch daran, nicht selbst ein Datenfernverarbeitungs-System aufzubauen, sondern möchte vielmehr Rechenleistung beziehen, indem man sich an ein bestehendes Datenfernverarbeitungs-System anschließt (etwa an ein Teilnehmerrechen-System), dann hat man den Komfort der „on-line"-Bedienung mit Kosten zu bezahlen, die natürlich höher sind, als wenn man dieselbe Rechenleistung in einem gewöhnlichen Rechenzentrum durch Abgabe und Abholen von Datenträgern (z. B. Lochkarte, Druckerausgabe), also im Stapelbetrieb, in Anspruch nimmt. Die Mehrkosten entstehen durch Miete von Datenstationen, Leitungen usw. und hängen davon ab, wie rechenintensiv die Bearbeitung einer Aufgabe ist und wieviel Daten über die Leitung zu transportieren sind (oft vorkommende Werte der Mehrkosten: 5% . . . 30%). In den wenigsten Anwendungsfällen der Datenfernverarbeitung ist es der besondere Komfort, der eine so große Rolle spielt, daß eventuelle Mehrkosten gegenüber der Stapelverarbeitung in Kauf genommen werden. Der besondere Vorteil ist vielmehr die sofortige Reaktionsmöglichkeit des Rechners auf eine Aufgabe, die an einer fast beliebig von der Anlage entfernt aufgestellten Datenstation eingegeben werden kann und dort bearbeitet wird.

4.8.2 Beispiele

Beispiele für die in Abschnitt 4.2 genannten drei Klassen von Datenfernverarbeitungs-Systemen, Sammel/Verteil-Systeme, Frage/Antwort-Systeme und Dialog-Systeme wurden an verschiedensten Stellen dieses Abschnitts 4 (insbesondere im Unterabschnitt 4.2) und u. a. in den Abschnitten 3 und 6 des Bandes I gegeben. Auf eine Auflistung soll daher verzichtet werden. Es sollen vielmehr stichpunktartig einige aktuelle Anwendungsbeispiele der Datenfernverarbeitung kurz skizziert werden.

4.8.2.1 Platzreservierung bei den Eisenbahnen

Für Platzreservierungszwecke wird die elektrische Datenverarbeitung seit eineinhalb Jahrzehnten eingesetzt. Z. B. unterhalten die großen Fluggesellschaften seit langem Datenfernverarbeitung-Systeme für solche Zwecke. Inzwischen haben aber auch andere Verkehrsbetriebe begonnen, die Datenfernverarbeitung in dieser Art einzusetzen. Ein Beispiel dafür sind die Platzreservierungs-Systeme der Eisenbahnen, bei denen man derzeit dabei ist, die Platzbuchungszentren der einzelnen nationalen Eisenbahnen Europas zu einem Gesamtreservierungs-System zusammenzuschalten. Dabei ergibt sich als erster Vorteil der Komfort der Platzreservierung innerhalb eines ganzen Kontinents und als zweiter wichtiger Vorteil ein Hilfsmittel zur Disposition dafür, wie eine begrenzte Kapazität an Verkehrsmitteln auf eine zeitlich sowie örtlich schwankende Nachfrage optimal verteilt werden kann (kurzfristig bei der täglichen Bedarfsplanung, mittelfristig für Fahrplanänderungen und langfristig für die Planung von Steckennetz, Wagenpark usw.). Eine zentrale Datenverarbeitungsanlage bedient jeweils ein Land. In der zentralen Datenverarbeitungsanlage solcher Systeme sind alle für den Platzbuchungsbetrieb notwendigen Komponenten doppelt vorhanden (Rechnerkern, Arbeitspeicher, Großraumspeicher), um bei Ausfall ohne merkliche Beeinträchtigung weiterarbeiten zu können. Das Leitungsnetz verwendet gemietete Telegraphenleitungen. Aus Kostengründen werden mit Hilfe von Leitungskonzentratoren in der Regel mehrere örtlich nahe beieinanderliegende Datenstationen („Buchungspulte“) an eine gemeinsame Leitung geschaltet, so daß sich eine sternförmige Netzstruktur ergibt. Die Buchungspulte sind bezüglich Tastatur und Druckwerk auf die Platzreservierungskarten zugeschnitten. Bemerkt sei noch, daß die Platzreservierungen der einzelnen Länder zur Zeit auf eine europäische Norm abgestimmt werden. Demnächst sollen sie miteinander verbunden werden, um den Bahnreisenden eine elektronische Platzreservierung für ganz Europa zu bieten.

4.8.2.2 Cash and Carry-Systeme

Ein weiteres wichtiges Einsatzgebiet der Datenverarbeitung ist seit langem der Handel. Die prominentesten Anwender sind die großen

Versandhäuser mit ihren Realzeitauftragsbearbeitungs-Systemen. Hier soll jedoch eine neuere Anwendung der Datenfernverarbeitung im Handel erwähnt werden: Die on-line-Systeme für „Cash and Carry" in Großmärkten. Diese Systeme haben folgende Aufgabe: Es gibt eine Vielzahl von meist gewerblichen Kunden, die große Warenmengen sofort mitnehmen und sofort eine ausführlich spezifizierte Rechnung, auf der keine Abkürzungen verwendet werden, verlangen. Diese ist sofort zu bezahlen oder auf ein Kundenkonto zu buchen. Hier läßt sich die Datenfernverarbeitung mit gutem Erfolg einsetzen. Für die zentrale Datenverarbeitungsanlage werden mittelgroße Rechenanlagen verwendet, wobei aus Sicherheitsgründen im allgemeinen jeweils zwei identische Anlagen parallel laufen. Zur Übertragung reichen mittelschnelle Leitungen (z. B. 1000 Baud) aus. Als Datenstationen dienen Kassenterminals mit meist rein numerischer Eingabetastatur und einer schnellen elektrischen Schreibmaschine als Ausgabe. Neben der schnellen Kundenabfertigung kann durch geeignete Programme täglich Auskunft über Erträge, Umsatz, Kundenstruktur, Lagerbestand usw. für die Geschäftsleitung gegeben werden.

4.8.2.3 Krankenhaus-Informations-Systeme

Während die beiden eben besprochenen Datenfernverarbeitungs-Systeme zur Klasse der Frage/Antwort-Systeme gehören, soll jetzt noch eine Anwendung der Datenfernverarbeitung aus der Klasse der Dialog-Systeme kurz skizziert werden: Ein Steuer- und Informations-System für Krankenhäuser. Solche Systeme werden derzeit an verschiedenen Stellen entwickelt. Das Ziel ist eine Unterstützung des Arztes bei seiner Tätigkeit und eine Rationalisierung der Arbeitsabläufe im Krankenhaus, insbesondere im Bereich der Krankenpflege. Tätigkeiten des Systems sind: Aufnahme des Patienten (Eingabe von Personendaten, Beschwerden, Aufnahme-Zeitpunkt usw.), Unterstützung des Arztes bei Diagnose und Entwurf der Behandlungsmethode, Verfolgung und Dokumentation des Behandlungsverlaufs, Leistungsabrechnung für die Krankenkasse usw. Alle Tätigkeiten werden über eine Reihe von Bildschirm-Datenstationen (Bildschirm plus geeignete Tastatur) und Schreibmaschinenterminals abgewickelt.

Entsprechend der Vielzahl von auszuführenden Tätigkeiten und der u. U. großen Dringlichkeit von Aufgaben an gewissen Datenstationen (z. B. bei beratender Unterstützung des Arztes in Dialogform während einer Operation) ist eine große Rechenanlage als zentrale Datenverarbeitungsanlage erforderlich. Entsprechend der großen Menge von in der Patientendatenbank abzuspeichernden Information muß eine entsprechende Ausstattung an Großraumspeichern vorhanden sein.

Eine zweite Version des Krankenhaus-Informations-Systems sieht nicht eine einzige, entsprechend große Rechenanlage vor sondern mehrere untereinander verbundene kleinere Anlagen, die spezialisiert sind (z. B. Laborautomatiesierung, Operationshilfen . . .).

4.8.2.4 Bemerkung

Abschließend sei bemerkt, daß die meisten Anwendungen der Datenfernverarbeitung nicht bei den funktionsmäßig einfachsten Systemen (Sammel/Verteil-Systeme) liegen, aber auch nicht bei den universellsten Systemen (dies sind die zur Klasse der Dialog-Systeme gehörenden Teilnehmerrechensysteme). Vielmehr liegen die meisten Anwendungen bei den Frage/Antwort- und den einfacheren Dialog-Systemen, also bei Systemen, die in einer anderen Klassifikation die Klasse der „Teilhabersysteme" (vgl. Band I, Abschnitt 3.).

Literatur

[1] Datamation, Zeitschrift. Chelmsford. Aufsätze aus Heften der Jahrgänge 1970 ff.

[2] Datenübertragungstechnik–Datenfernverarbeitung, Bd. I u. II. Hamburg –Berlin 1971;

[3] Elektronische Rechenanlagen, Zeitschrift. Aufsätze aus Heften der Jahrgänge 1969 ff. München, Wien.

[4] Computer-Praxis, Zeitschrift. Aufsätze aus den Heften der Jahrgänge 1970 ff. München.

[5] Angewandte Informatik, Zeitschrift (früherer Titel: Elektronische Datenverarbeitung). Aufsätze aus Heften der Jahrgänge 1969 ff. Dortmund.

5. Die Beurteilung der Leistungsfähigkeit von Datenverarbeitungsanlagen

Von Ludwig Hieber

5.1 Einleitung

Im Jahre 1960 waren in der Bundesrepublik Deutschland ca. 170, im Jahre 1965 bereits 1700 Datenverarbeitungsanlagen installiert. In der Diebold-Statistik sind zum 1. 1. 1973 ca. 13 100 Anlagen erfaßt, und nach einer Aussage der Diebold-GmbH soll die Anzahl der Rechenanlagen in der Bundesrepublik Deutschland bis zum Jahre 1978 auf 25 000 ansteigen.

Das Angebot an Rechenanlagen ist in den letzten Jahren sehr stark angewachsen. Zur Zeit bieten ca. 40 Hersteller etwa 250 verschiedene Systeme an. Dazu wird teilweise auch von anderen Herstellern ein großes Spektrum verschiedener peripherer Geräte angeboten. Die einzelnen Systeme sind teilweise mit mehreren Betriebssystemen ausgestattet und erlauben neben der Benutzung mehrerer Programmiersprachen umfangreiche Systeme spezieller Anwendungsprogramme.

Die Beurteilung der angebotenen Hardware mit der zugehörigen Software ist so umfangreich geworden, daß ein detaillierter Überblick über Leistungsfähigkeit von Datenverarbeitungssystemen nicht mehr gegeben ist. Außerdem ist die Beurteilung der Leistungsfähigkeit einer Datenverarbeitungsanlage abhängig von der vorgesehenen Anwendung. Bei Prozeßrechnern etwa ist die Reaktionszeit auf ein oder mehrere eingetroffene Ereignisse ein Maß für die Leistungsfähigkeit. Bei technisch-wissenschaftlichen Anwendungen und bei kommerziellen Anwendungen innerhalb eines Rechenzentrumsbetriebes ist der Gesamtdurchsatz an Programmen das wesentliche Kriterium für die Leistungsfähigkeit einer Rechenanlage.

Beim heutigen Stand der Technologie kann davon ausgegangen werden, daß für normale Anwendungen im Rechenzentrumsbetrieb die Zuverlässigkeit der Datenverarbeitungsanlagen keine wesentlichen Probleme mehr darstellt, insbesondere, wenn gelegentliche Totalausfälle Ausweichanlagen zur Verfügung stehen.

Läßt man die Zuverlässigkeit außer Acht, so verbleiben neben der vorgesehenen Anwendung eine Vielzahl von Kriterien, nach denen die Leistungsfähigkeit einer Datenverarbeitungsanlage bewertet werden kann. Einige wesentliche Kriterien seien hier aufgeführt:

Befehlsvorrat, Ausführungszeiten, Länge und Struktur der Befehle, wortorientiert, zeichenorientiert, Zahl und Art der internen Register, Kanaltechnik, Speicherhirarchie, Übertragungsgeschwindigkeit, Zusammenspiel zwischen Zentraleinheit und Peripherie, insbesondere bei Mehrprogrammbetrieb, Betriebssysteme und Steuerprogramme, Speicher- und Zugriffsformen, Übersetzer, Generatoren, Schwierigkeitsgrad der Programmierung, Kompatibilität mit anderen Anlagen, Ausbaufähigkeit, Einrichtungen zur Datenfernverarbeitung.

Die Bewertung der Leistungsfähigkeit von Datenverarbeitungsanlagen wird hier unter zwei Zielen besprochen:

- als Hilfsmittel bei der Entwicklung von Rechenanlagen zur Kontrolle verbesserter Entwürfe
- als Hilfsmittel bei der Anlagenauswahl für einige vorgesehene Anwendung

Bei der Auswahl von Datenverarbeitungsanlagen ist das Preis-/Leistungsverhältnis ein wesentliches Kriterium. Zur Beurteilung der Leistungsfähigkeit können die bereits angegebenen Punkte herangezogen werden. In die Bewertung der Kosten müssen neben den reinen Hardware- und Softwarekosten organisatorische Gesichtspunkte mit einbezogen werden, auf die hier nicht weiter eingegangen werden soll.

In den folgenden Abschnitten werden einige häufig angewendete Bewertungsverfahren besprochen. Für Einzelfälle kann es durchaus zweckmäßig sein, besondere anwendungsspezifische Bewertungskriterien festzulegen. Bei den hier zu besprechenden Bewertungsverfahren wird im wesentlichen das Verhalten des gesamten Systems untersucht. Auf eine Beurteilung einzelner Komponenten des

Systems, wie etwa der Leistungsdaten peripherer Geräte oder der Leistungsumfang des Betriebssystems sowie der Anwendungs-Software wird nicht eingegangen.

Die Beurteilung der Leistungsfähigkeit einer Datenverarbeitungsanlage darf nicht mit der Auswahl eines Systems enden. Insbesondere ab mittelgroßen Anlagen ist es nach Installation der Anlage notwendig, über das Zusammenwirken der einzelnen Anlagenteile während des praktischen Betriebes Daten zu sammeln und diese auszuwerten. Durch Auswerten dieser Daten können Aussagen über Datenfluß und Benutzungshäufigkeit einzelner Einheiten gewonnen sowie auftretende Engpässe ermittelt werden.

5.2 Mix-Kennzahlen

Eine Mix-Kennzahl ist definiert als die Summe von bewerteten Ausführungszeiten einer Anzahl von Befehlen. Die Auswahl und die Gewichtung der einzelnen Befehle geschieht so, daß die Häufigkeit und die Instruktionstypen dem vorgegebenen Anwenderspektrum entsprechen.

Je nachdem, um welche Anwendungsprogramme es sich handelt, können verschiedene Mix-Kennzahlen festgelegt werden.

Die Mix-Kennzahl P_x einer Anlage x ergibt sich nach folgender Beziehung

$$P_x = \sum_{r=1}^{v} n_r \cdot t_{rx} \qquad \text{[Mikrosekunden]}$$

r = 1(1)v = Befehlstyp im Mix
n_r = relative Häufigkeit der Befehlstypen r im Mix (Gewicht)
t_{rx} = Ausführungszeit für den Befehlstyp r auf der Anlage x

Es sind eine Reihe von Mix-Kennzahlen für bestimmte Anlagen- oder Anwendergruppen entwickelt worden. Die darin enthaltenen Befehlstypen sind daher nur auf diese Anlagen- oder Anwendergruppen abgestimmt. Man kann deswegen nicht davon ausgehen, daß solche Mix-Kennzahlen für alle Anlagentypen ohne Einschränkung verwendet werden können.

Anwendungen	Beispiele
technisch wissenschaftlich	Gibson Mix Gamm-Mix
kommerzielle Anwendung	Mix 1 KGST-Mix 1 und 2 Simplex-Mix Powu 2

Abb. 5–1. Übersicht Mix-Kennzahlen

Im folgenden werden die drei bekanntesten Mix-Verfahren erläutert.

5.2.1 Gibson Mix

Dieser Mix wurde von Gibson angegeben für Rechner der 2. Generation (z. B. IBM 7090). Die Auswahl und Gewichtung der einzelnen Befehle ist zur Beurteilung der Anlagen für Anwenderprogramme aus dem technisch-wissenschaftlichen Bereich geeignet. Im folgenden wird eine Tabelle angegeben, in der die ausgewählten Befehle und deren Gewichtung zu entnehmen ist.

Befehlstyp	Gewicht %
Zu- und Abspeichern	31,2
Addieren/Subtrahieren	6,1
Multiplikation	0,6
Division	0,2
Gleitkomma-Addition	6,9
Gleitkomma-Multiplikation	3,8
Gleitkomma-Division	1,5
Suchen/Vergleichen	3,8
Verzweigen/Testen	16,6
Shiften	4,4
Booleans	1,6
Sonderbefehle	5,3
Indexbefehle	18,0

Abb. 5–2. Gibson Mix

Aus Abb. 5–2 ist zu entnehmen, daß für arithmetische Operationen ein hoher Anteil von Gleitkomma-Befehlen im Gibson-Mix enthalten ist.

5.2.2 KGST-Mix

Eine Befehlsauswahl, die eher kommerziellen Anwendungsprogrammen entspricht, ist von der Kommunalen Gemeinschaftsstelle für Verwaltungsvereinfachung (KGST) vorgeschlagen worden. Dieser Mix ist kommerziell orientiert, enthält aber vergleichsweise viel arithmetische Operationen.

Die folgende Tabelle enthält die Befehlsauswahl und Gewichtung vom KGST-Mix.

Befehlstyp	Gewicht % KGST-Mix 1	Gewicht % KGST-Mix 2
Addieren/Subtrahieren und Übertragen	30	40
Addieren/Subtrahieren ohne Übertragen	20	20
logischer Vergleich zweier 6stelliger Zeichen	30	30
Versetzen/Übertragen dreier alphanumerischer Zeichen um drei Stellen	10	10
Multiplikation	6	–
Division	4	–

Abb. 5–3. KGST-Mix
Beim KGST-Mix 2 entfallen Multiplikation und Division

5.2.3 Gamm-Mix

Der Gamm-Mix wurde von einem Ausschuß der Deutschen Gesellschaft für angewandte Mathematik und Mechanik entwickelt. Er basiert nicht allein auf der Befehlsstruktur, sondern ist anwendungsbezogener. Die Anwendung des Gamm-Mix setzt die Programmierung von 5 Kernprogrammen voraus, die wie folgt definiert sind:

1. Berechne die Nullstellen eines Polynoms vom Grad 10 nach HORNER
2. Ermittle das skalare Produkt zweier Vektoren mit je 30 Elementen

3. Ermittle die Quadratwurzel nach dem Newton'schen Iterations-Verfahren für 5 Schritte
4. Bestimme das Maximum einer Zahlenfolge mit 100 Elementen
5. Addiere zwei Vektoren mit je 30 Elementen.

Für die Ermittlung des Gamm-Mix werden die einzelnen Verarbeitungszeiten der 5 Kernprogramme gewichtet und aufsummiert (vgl. auch Abschnitt 5.3). Der Gamm-Mix ist auf technisch-wissenschaftliche, im engeren Sinn auf ausschließlich mathematische Anwendungen abgestimmt.

5.2.4 Beurteilung der Mix-Kennzahlen

Insgesamt gesehen sind die Mix-Kennzahlen sehr einfach anzuwenden, führen jedoch zu einer relativ geringen Aussagefähigkeit. Zur Beurteilung der Mix-Kennzahlen können folgende Gesichtspunkte angegeben werden:

- Mix-Kennzahlen sind auf Anlagen bzw. Anwendungsgruppen ausgerichtet,
- für bestimmte Operationen liegen u. U. mehrere mögliche Instruktionen vor, z. B. verschiedene Additionsbefehle,
- keine Rücksichtnahme auf Wortlänge
- keine Berücksichtigung von Befehlsüberlappungen
- keine Berücksichtigung von E/A-Befehlen
- periphere Geräte werden nicht bewertet.

Daraus ergibt sich, daß Mix-Kennzahlen nur geeignet sind für den Vergleich von Zentraleinheiten mit ähnlicher Befehlsstruktur und gleicher Wortlänge. Die Mix-Kennzahlen entsprechen der mittleren (gewichteten) Befehlsausführungszeit. Der Reziprokwert der Mix-Kennzahl ergibt die mittlere Anzahl von Operationen pro Sekunde. Mix-Kennzahlen haben nur wenig Aussagefähigkeit beim Vergleich der Gesamtleistungsfähigkeit größerer Rechenanlagen.

5.3 Kernel-Verfahren

Die Unzulänglichkeiten, die bei der Bewertung von Operationszeiten bei Anlagen mit unterschiedlicher Befehlsstruktur auftreten, legen es nahe, den Vergleich von Ausführungszeiten nicht auf eine Menge einzelner Befehle, sondern auf bestimmte Aufgaben abzustützen.

Unter Kernels versteht man kleine Normprogramme, deren Laufzeit auf den zu bewertenden Anlagen festgestellt wird.

Der in Abschnitt 5.2.3 besprochene Gamm-Mix entspricht dem Kernel-Verfahren mit der Abweichung, daß die einzelnen Laufzeiten der Kernprogramme verschieden bewertet werden. Unterschiede in der Qualität der Programmierung der Kernels bei verschiedenen Anlagen können das Vergleichsergebnis erheblich verfälschen. Außerdem kann man Kernels bewußt so definieren, daß Anlagen je nach Wunsch ein besseres oder schlechteres Ergebnis liefern. Die Aussagefähigkeit der Ergebnisse aus Kernel-Verfahren ist gegenüber den Mix-Kennzahlen jedoch erheblich besser.

5.4 Benchmark-Tests

Die Auswahl einer Datenverarbeitungsanlage stellt sich in der Praxis meist in der Weise, daß für eine vorgesehene Anwendung oder für ein Anwendungsgebiet eine dafür optimal geeignete Anlage ausgewählt werden muß.

Liegen die zu bearbeitenden Programme vor, so könnte man den Leistungsvergleich verschiedener Anlagen durch Bearbeitung etwa einiger Tagesproduktionen auf verschiedenen Anlagen durchführen. Die Gesamtausführungszeiten würden dann den Leistungsmaßstab ergeben. Wegen Kompatibilitätsproblemen und wegen des großen Aufwandes kann ein solcher Leistungsvergleich nur selten als zweckmäßig angesehen werden.

Das Benchmark-Verfahren besteht aus zwei Stufen,

a) für das vorgesehene Anwendungsspektrum wird ein repräsentativer Programmquerschnitt zusammengestellt. Die Zusammenstellung der Programme muß so erfolgen, daß sie dem normalen Betriebsablauf möglichst genau entspricht.

b) Es wird die Gesamtlaufzeit der zusammengestellten Programme festgestellt. Dazu wird die Anlage von sämtlichen anderen Aufgaben freigestellt und steht ausschließlich den Testprogrammen zur Verfügung.

Wegen der Bedingung, daß diese ausgewählten Programme auf verschiedenen Anlagen zum Ablauf gebracht werden müssen, eignen sich Anwenderprogramme in problemorientierten Programmiersprachen. Bei solchen Tests geht als Nebeneffekt die Qualität der Übersetzer (Übersetzerzeit, Laufzeit der Objektprogramme) in das Ergebnis mit ein.

Es ist klar, daß die Aussagen für das vorgesehene Anwendungsgebiet nur dann zuverlässig sind, wenn die ausgewählten Programme das gesamte Job-Profil genau genug wiedergeben. In vielen Fällen wird es zweckmäßig sein, die Anwendungsprogramme in Gruppen oder Klassen aufzuteilen und sie gemäß ihrer Häufigkeit zu gewichten.

Benchmark-Tests eignen sich im Gegensatz zu den bisher besprochenen Verfahren auch für den Mehrprogrammbetrieb. Bei ungünstiger Verteilung der einzelnen Programmlaufzeiten in den Programmebenen kann es dazu kommen, daß gegen Ende der Gesamtlaufzeit der Mehrprogrammbetrieb nur noch beschränkt oder überhaupt nicht mehr möglich ist. Dies kann bei einem ein-/ausgabeintensiven Programm dazu führen, daß die Anlage in diesen Zeiten nicht voll ausgelastet werden kann. Bei der Ermittlung der Gesamtlaufzeit müssen solche Zeiten u. U. berücksichtigt werden.

Zusammenfassend können folgende Vor- und Nachteile angegeben werden:

Vorteile:

- In die Beurteilung der Leistungsfähigkeit gehen Hard- und Software-Eigenschaften ein.
- Es ist ein absoluter und relativer Leistungsvergleich möglich.

Nachteile:

- Die Auswahl der Programme und die Vorkehrung für den Ablauf auf verschiedenen Anlagen sind zeitaufwendig.
- Die Bearbeitung der Programme auf verschiedenen Anlagen erfordert jeweils Rechenzeit.
- Dieses Verfahren ist ausgerichtet auf Stapelverarbeitung. Für Auskunftssysteme z. B. können damit allenfalls Teilaussagen gewonnen werden.

5.5 Simulationsmethoden

Ein weiteres Hilfsmittel zur Beurteilung von Hard- und Software-Eigenschaften stellen Simulationsmodelle dar. Sowohl bei der Entwicklung von Datenverarbeitungsanlagen als auch bei der Konfigurationsbestimmung größerer Systeme für eine vorgegebene Anwendung ist die Simulation geeignet, um verschiedene Realisierungsmöglichkeiten zu bewerten.

Für die Entwicklung von Datenverarbeitungsanlagen wird die Simulation insbesondere für folgende Schwerpunkte eingesetzt:

- Aufbau von Warteschlangenmodellen (z. B. Zugriffsprobleme zu Kanälen, Zugriffsprobleme zum Speichern)
- Zur optimalen Abstufung der Speicherhierarchie
- Abbildung der Interruptbehandlung
- Überprüfung der Funktionen beim Entwurf von logischen Netzen und Schaltwerken.

Bei der Auswahl der Konfiguration für eine vorgegebene Anwendung besteht häufig das Problem, aus einer Vielzahl von möglichen Ausbaustufen diejenige auszusuchen, die der Anwendung in optimaler Weise gerecht wird. Bei der Nachbildung des gesamten Systems muß sowohl die Hardware als auch die Software des Systems simuliert werden. Außerdem ist die vorgegebene Anwendung mit zu berücksichtigen. Im einzelnen sind folgende Punkte in die Simulation mit einzubeziehen:

- Modell für die ablaufenden Vorgänge innerhalb der Hardware (Speicherzugriffe, E/A-Organisation, Ausführungszeiten der Probleme)
- Modell für die Funktionen des Betriebssystems sowie der vorhandenen Anwendungs-Software
- Beschreibung der Anwendungsprogramme (Umfang der Dateien, Zugriffe, Programmabläufe, Laufzeiten).

Für die Auslegung und Bewertung von Anlagenkonfigurationen sind Simulationspakete entwickelt worden (z. B. SCERT, CASE), die eine Beschreibung der obigen Teilaufgaben über Parameter zulassen. Die Vorteile dieser Methode liegen insbesondere darin, daß Anwenderprogramme nur in ihren wesentlichen Daten bekannt sein müssen. Im Gegensatz zu Benchmark-Tests können also hier Anwendungen einbezogen werden, deren Programmierung noch nicht abgeschlossen ist.

Mit vertretbarem Aufwand lassen sich nicht nur Anlagen verschiedener Hersteller fundiert beurteilen, die Simulation läßt außerdem eine Bewertung von Konfigurations-Varianten zu. Die Optimierung der Anlagen-Konfiguration unter Berücksichtigung einer vorgegebenen Anwendung hat mit dem stark modularen Aufbau der Anlagen an Bedeutung gewonnen.

Die Abb. 5–4 zeigt ein vereinfachtes Ablauf-Schema eines Optimierungsvorganges.

5.6 Beurteilung im praktischen Betrieb

Trotz sorgfältiger Beurteilung der Leistungsfähigkeit von Datenverarbeitungsanlagen sollte jedes neu installierte System nach einer gewissen Einarbeitungsphase und darüber hinaus in regelmäßigen Abständen auf Schwachstellen und Optimierungsmöglichkeiten hin untersucht werden. Solche Untersuchungen sind insbesondere dann zweckmäßig, wenn sich der Auftragsbestand wesentlich geändert hat.

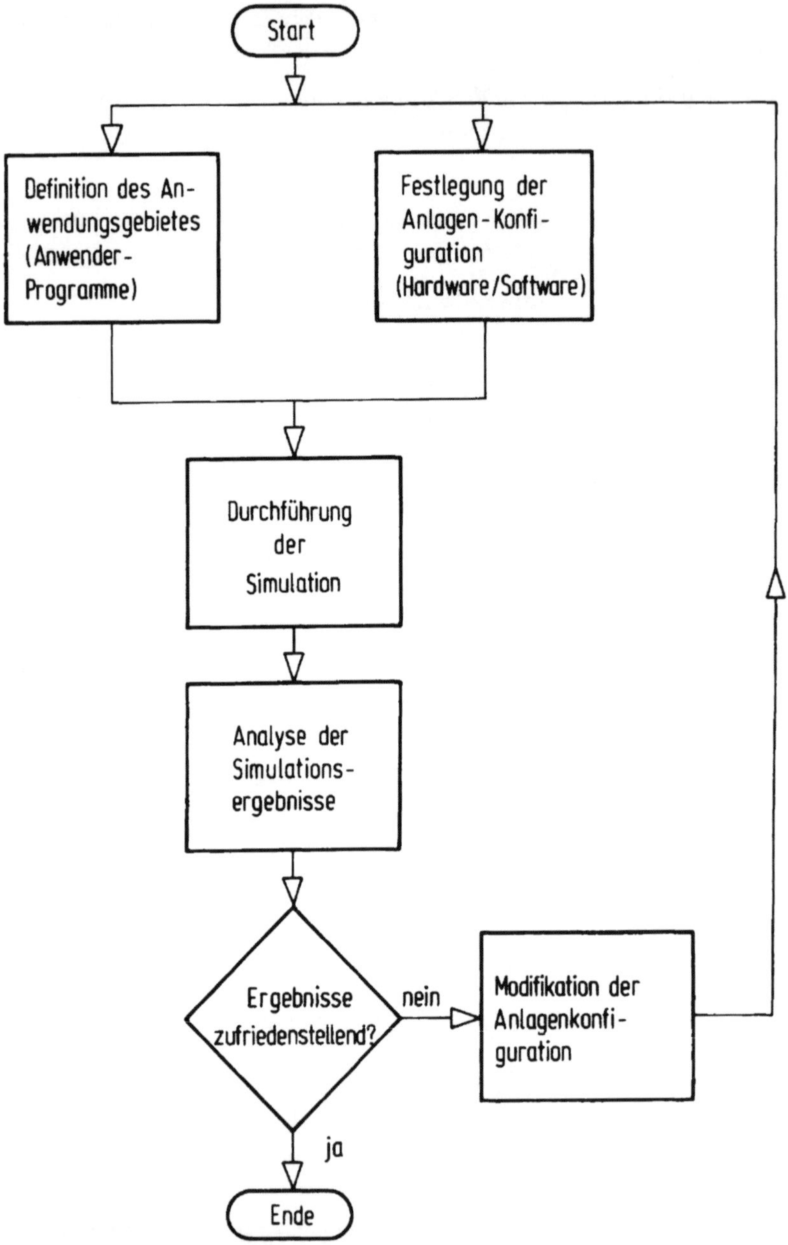

Abb. 5–4. Ablauf einer Konfigurations-Optimierung

Geringfügige Änderungen im Job-Ablauf, in der Hardwarekonfiguration, in der Einstellung des Betriebssystems oder durch Verbesserung besonders laufzeitintensiver Programme können bereits zu beträchtlichen Durchsatzverbesserungen führen. Das Auffinden von Engpässen ist bei größeren Anlagen ohne Meß- und Registriereinrichtungen nahezu unmöglich.

Für die Ermittlung der Auslastung der einzelnen Anlagenteile wurden in den letzten Jahren Hardware-Monitore und Software-Monitore entwickelt. Außerdem werden von modernen Betriebssystemen während des Betriebs Daten gesammelt, deren Auswertung Aufschlüsse über die Häufigkeit der Benutzung einzelner Anlagenteile zulassen. In den folgenden Abschnitten werden drei Verfahren besprochen, die im praktischen Rechenzentrumsbetrieb Bedeutung erlangt haben. Es ist zu erwarten, daß diese Verfahren bei größeren Systemen immer mehr eingesetzt werden. Die Nutzung der optimalen Leistungsfähigkeit eines größeren Systems ist ohne solche Hilfsmittel nicht mehr gesichert.

5.6.1 Hardware-Monitor

Hardware-Monitore sind Meßgeräte, die an ein Datenverarbeitungssystem angeschlossen werden und in der Lage sind, Impulse zu registrieren. Einfache Hardware-Monitore erlauben nur das Ablesen eines Zählers, kompliziertere Geräte verfügen über ein Schaltwerk, durch das Kombinationen von Impulsen gebildet und diese gezählt werden können. Für aufwendige Auswertungen ist es notwendig, Hardware-Monitore mit einem Datenträger auszustatten, auf dem Zählimpulse für eine spätere Auswertung abgelegt werden. Von der Anzahl der Zähler und den logischen Netzwerken hängt es ab, wieviel verschiedene Vorgänge bei einer Meßperiode erfaßt und aufgezeichnet werden können.

Neuere Entwicklungen gehen dahin, bei größeren Systemen spezielle Wartungsrechner als integrierte Bestandteile des Gesamtsystems einzusetzen. Solche Wartungsrechner können auch Aufgaben von Hardware-Monitoren übernehmen.

Mit einem Hardware-Monitor ist es also möglich, Teile des ablaufenden Betriebes einer Anlage zu beobachten, ohne in den Ablauf einzelner Instruktionen einzugreifen. Aus den Ergebnissen können Rückschlüsse über die Auslastung und das Zusammenwirken einzelner Anlagenteile gewonnen werden. So ist es z. B. möglich, die verwendeten Befehlstypen zu protokollieren und dadurch mit einem entsprechenden Auswertungsprogramm Aussagen über die Häufigkeit der Ausführung verschiedener Befehlstypen zu machen. Registriert man die Adressen von Sprungbefehlen, so können aus einer Auswertung Rückschlüsse auf Speicherbenutzung und Aktivitäten des Betriebssystems sowie Benutzerprogramme gemacht werden. Sehr leicht lassen sich auch die Benutzung verschiedener Arbeitsregister, Indexregister und anderer interner Einrichtungen der Datenverarbeitungsanlage registrieren.

Gegenüber Software-Überwachungsmethoden bieten Hardware-Monitore eine Reihe von Vorteilen. Das Erfassen von Impulsen über Sensoren hat keinen Einfluß auf die Verhaltensweise des untersuchten Systems. Zeitmessungen im praktischen Betrieb sind durch Software-Maßnahmen nur bedingt möglich. Die Einfügung von Unterprogrammen zur Registrierung von Aktivitäten zu bestimmten Zeitpunkten beeinflußt das Verhalten des Systems. Bei der Messung von relativ kurzen Zeiten, etwa zur Analyse des Verhaltens von Teilen des Betriebssystems würde durch den Einsatz von zusätzlichen Befehlen das Zeitverhalten verfälscht werden.

Der Einsatz von Hardware-Monitoren bringt jedoch auch eine Reihe von Einschränkungen mit sich. Eine größere Anzahl von angeschlossenen Sensoren kann bei hohem Auslösungsvermögen eines Hardware-Monitors dazu führen, daß bei leistungsfähigen Systemen soviele Daten anfallen, daß nur über verhältnismäßig kurze Zeitspannen alle Meßergebnisse aufgenommen und verarbeitet werden können. Ein weiteres Problem ist die Zuordnung von gemessenen Ereignissen zu gerade ablaufenden Programmteilen, wie z. B. Marken, Tabellen oder bestimmte Speicherzellen. Außerdem können Zuordnungstabellen, Längen von Warteschlangen und ähnliche Informationen nicht ausgewertet werden.

Hardware-Monitore sind geeignet zur Feststellung der Abfolge und der Häufigkeit von Ereignissen sowie der Abhängigkeit von Ereignissen untereinander. Wo dieses Verfahren auf seine Grenzen stößt, können u. U. programmtechnische Mittel eingesetzt werden.

5.6.2 Software-Monitor

Zur Beurteilung der ablaufenden Vorgänge innerhalb einer Rechenanlage kann auch so vorgegangen werden, daß in bestimmten Zeitintervallen (Stichprobenverfahren) durch Erzeugen eines Interrupts das ablaufende Programm unterbrochen und der Anlagenzustand notiert wird. Eine andere Möglichkeit besteht darin, den Anlagenzustand abhängig von bestimmten Ereignissen festzuhalten, z. B. bei der Änderung einer Warteschlange, beim Programmwechsel oder bei E/A-Vorgängen. Zu einem späteren Zeitpunkt können die so gesammelten Daten statistisch ausgewertet werden.

Das zum Sammeln bzw. Auswerten der Daten notwendige Programm wird Software-Monitor genannt. Die Erzeugung von Interrupts beim Stichprobenverfahren nach vorgebbaren Zeitabschnitten muß durch eine interne Uhr bzw. Setzen eines Weckers bewerkstelligt werden. Die ereignisorientierte Erfassung der Daten setzt voraus, daß entsprechende Vorkehrungen im Betriebssystem integriert sind.

Nach Belieben können die mit dem Software-Monitor gewonnenen Daten nach verschiedenen Gesichtspunkten ausgewertet werden.
Es ist außerdem möglich, Anwender-Programme auf ihr Ablaufverhalten zu überprüfen. Dabei kann so vorgegangen werden, daß das zu untersuchende Programm unter der Regie des Software-Monitors abläuft. Alle Aktivitäten des Programms werden z. B. durch den Software-Monitor in vorgebbaren Zeitintervallen notiert und können später ausgewertet werden. Auf diese Weise kann man Hinweise erhalten, in welchen Teilen des Programms sich rechenintensive Teile befinden oder wo z. B. Wartezeiten durch Ein-/Ausgabevorgänge auftreten.

Software-Monitore können bestimmte Ereignisse und Zustände festhalten, die Hardware-Monitoren nicht zugänglich sind. Die Notwendigkeit, Hauptspeicher zu belegen und die Leistungsverminderung der Zentraleinheit um bis zu 20% sowie der Belastung der E/A-Kanäle führen dazu, daß Software-Monitore zweckmäßigerweise nur für bestimmte Testzeiten betrieben werden. Das Auflösungsvermögen des Software-Monitors hängt ab von der Grundzeit des Zeitgebers. Die geringen Zeitintervalle von Hardware-Monitoren können nicht erreicht werden.

Die Anwendung von Software-Monitoren hat insbesondere bei größeren Systemen eine weite Verbreitung gefunden. Die einfache Handhabung und der bequeme Zugriff auf Marken und Tabellen von ablaufenden Programmen hat Software-Monitore zu einem brauchbaren Hilfsmittel bei der Optimierung von Betriebssystemen und auch bei der Entwicklung von größeren Programmsystemen gemacht.

In der Abb. 5–5 sind die wesentlichen Vor- und Nachteile von Hardware- und Software-Monitoren stichwortartig zusammengestellt.

Vorteile	Nachteile
Hardware-Monitor	
o keine Beeinträchtigung ablaufenden Operationen	o kleine Anzahl von Meßpunkten und Zählern
o gleichzeitiges Messen an verschiedenen Punkten	o Zugriff auf Tabellen, Marken schwierig
o hohes Auflösungsvermögen	o spezielle Kenntnisse für den Einsatz erforderlich
o kein Hauptspeicherbedarf	
Software-Monitor	
o Zugriff zu Tabellen, Marken und Adressen einfach	o Beeinflussung der Verarbeitungsgeschwindigkeit
o einfache Handhabung	o kein simultanes Messen gleichzeitiger Ereignisse möglich (z. B. Kanal und Zentraleinheit)
o große Anzahl möglicher „Meßpunkte"	o Hauptspeicherbedarf für Ereignisregistrierung

Abb. 5–5. Gegenüberstellung Hardware-Softwaremonitor

5.6.3 Accounting-Verfahren

Der Mehrprogrammbetrieb bringt es mit sich, daß die Zeitdauer von Beginn bis Ende eines wiederholt zu bearbeitenden Programmes sich ändert in Abhängigkeit von den übrigen Systemaktivitäten. Werden in diesem Zeitintervall andere rechenintensive Programme bearbeitet, so kann es zu einer erheblichen Verzögerung in der Bearbeitung kommen.

Zur Leistungsverrechnung im Mehrprogrammbetrieb müssen während des Betriebes ereignisorientierte Daten gesammelt werden, die eine gerechte Verteilung der Kosten ermöglichen. Diese vom Betriebssystem zur Verfügung zu stellenden Daten werden als Accounting-Daten bezeichnet. Wegen des geringen Umfangs wird für das Sammeln dieser Daten wesentlich weniger Zeit beansprucht als etwa die Registrierung der Daten bei einem Software-Monitor.

Accounting-Verfahren sind so ausgelegt, daß sie während des gesamten Betriebes mitlaufen können, ohne die Anlage nennenswert zu belasten. Aus den Accounting-Daten können insbesondere folgende Werte gewonnen werden:

Belegung Zentraleinheit
Anzahl der Starts von E/A-Vorgängen
Wartezeiten
Kanalbelegungszeiten
Hauptspeicherbelegung

Neben der Leistungsverrechnung können die Accountingdaten auch zur Beurteilung der Leistung und Auslastung einer Anlage herangezogen werden. So lassen sich Auslastungen der Zentraleinheit, Hauptspeicherbelegung, E/A-Belastungen sowie Overhead- und Wartezeiten für kleine Zeitintervalle als auch für große Zeiträume (z. B. Monat) beurteilen. Sind daraus Unzulänglichkeiten im System zu erkennen, so können durch gezielten Einsatz von Hardware- bzw. Software-Monitoren weitere Informationen gewonnen werden.

5.7 Zusammenfassung

Durch das umfangreiche Angebot des Marktes und die steigende Komplexität der Datenverarbeitungsanlagen sowie den verschiedenartigen Anforderungen einzelner Anwender ist die Beurteilung der Leistungsfähigkeit und die Auswahl von Rechenanlagen ein vielschichtiges Problem geworden.

Die bekanntgewordenen Auswahlmethoden sind mit vielen Unsicherheiten behaftet, so daß jedes neuinstallierte System nach einer Übergangszeit auf seine richtige Auslegung hin überprüft werden sollte.

Die Messung und Analyse des Verhaltens von Datenverarbeitungsanlagen im praktischen Betrieb ermöglicht die Gewinnung von Informationen, die für die Weiterentwicklung der Systeme von Wichtigkeit sind. Erkenntnisse aus solchen Daten können weitreichenden Einfluß auf die Verbesserung der Struktur von Hardware und Betriebssystemen haben. Genauso wichtig sind diese Erkenntnisse für die Entwicklung von Anwender-Software. Die Leistungsfähigkeit einer Anlage kann sich nur dann voll auswirken, wenn das Verarbeitungssystem und die Anwendung aufeinander abgestimmt sind.

Literatur

[1] Lutz, J.: Computer-Bewertungsverfahren. Baden-Baden 1971.

[2] Seibt, D.: Meß-, Analyse- und Optimierungs-Software. Ein Überblick. ÖVD 3 (1973), H. 3, S. 122–129.

[3] Baugut, G.: Modelle zur Auswahl von Datenverarbeitungsanlagen. Köln 1973.

[4] Watson, R.: Computer Performance Analysis: Appliations of Accounting Data. Data Exchange, Diebold Research Program Europe. Juni 1972.

6. Datenbanksysteme

Von Eckhard Falkenberg

6.1 Einführung

In vielen Bereichen unserer Zivilisation, in Wirtschaft und Industrie, in der öffentlichen Verwaltung, in Bibliotheken und Krankenhäusern, in Forschungs- und Entwicklungszentren, im Militär- und Polizeiwesen, gibt es seit jeher das Problem der *Speicherung, Verwaltung und Wiedergewinnung* großer Informationsmengen[1]. Die herkömmlichen, von Computern unabhängigen Methoden der Informationsverwaltung können immer weniger der steigenden Informationsflut und dem wachsenden Informationsbedürfnis genügen. Man geht deshalb mehr und mehr dazu über, *computergestützte Informationssysteme*[2] zu entwickeln und einzusetzen.

Bei den modernen Informationssystemen sind sämtliche für das System relevanten Informationen zentral gespeichert. Man spricht dabei von *Datenbanken*[3]. Für das Einrichten und Wiederauflösen einer solchen Datenbank, für das Verändern ihrer Strukturen und Inhalte sowie für die Informationswiedergewinnung und für andere Operationen an der Datenbank ist ein Instrumentarium erforderlich, welches üblicherweise softwaremäßig realisiert ist. Bei diesen Softwaresystemen unterscheidet man zwei Klassen, *maßgeschneiderte und generalisierte Systeme*[4].

Wird für ein spezielles Informationssystem eine spezielle Software auf der Basis einer herkömmlichen Programmiersprache[5] entwickelt,

---

1 Unter Information wird Kenntnis über Sachverhalte und Vorgänge verstanden (nach DIN-Entwurf 44300)

2 Eine von vielen Definitionen lautet: Ein Informationssystem ist ein System, dessen Zweck es ist, Informationen zu speichern und zu verarbeiten (nach Saltzer, MIT)

3 Auch Datenbasen, engl. data banks, data bases

4 Engl. tailored, generalized systems

5 Z. B. COBOL, FORTRAN, ALGOL 60, PL/1, Assembler

spricht man von einem maßgeschneiderten System. Bei einem solchen System ist im allgemeinen eine spezifische *Datenstruktur*[6] zugrundegelegt, es eignet sich deshalb nur für eine bestimmte Anwendung.

Bei einem generalisierten System ist von vornherein keine spezifische Datenstruktur fixiert; sie wird von Fall zu Fall *definiert.* Ein generalisiertes System kann also als Grundsoftware für verschiedene Informationssysteme eingesetzt werden. Ein spezielles Informationssystem kann als spezielle Ausfüllung eines generalisierten Systems implementiert werden.

Im folgenden ist ausschließlich von generalisierten Systemen die Rede, für die in der Literatur eine große Anzahl verschiedener Termini Verwendung finden, die jedoch alle etwa dasselbe bedeuten[7]:

Deutsche Literatur:

Datenbank-Management-System
Datenbankprozessor
Datenbanksoftware
Datenbanksystem
Datenbankverwaltungssystem
Generalisiertes Datenbank-Management-System (GDBMS)
Standard-Informationssystem

Amerikanische Literatur:

Data Base Management System
Data Management System
File Management System
Generalized Data Base Management System (GDBMS)
Generalized Information Retrieval System

---

[6] Vgl. Abschnitt 6.3 und 6.4

[7] Bei Detailfragen ist die Terminologie nicht minder vielfältig. In diesem Rahmen kann darauf jedoch nicht eingegangen werden. Die hier verwendete Terminologie lehnt sich in der Hauptsache an die des CODASYL Systems Committee an [8]

Generalized Information System
Information Management System

Der im folgenden verwendete Terminus ist *Datenbanksystem.*

6.2 Objektive Wirklichkeit und Daten

Das Grundproblem bei der Implementierung von Datenbanken ist, den für das jeweilige Informationssystem relevanten Teil der *objektiven Wirklichkeit* auf ein *physisches Speichermedium* abzubilden. Bei dieser Abbildung kann man mehrere Stufen unterscheiden, man kann die betreffenden Informationen unter verschiedenen *Aspekten* sehen.

Der Systementwerfer[8] bzw. Systembenutzer[9] besitzt in einem speziellen Zusammenhang eine bestimmte Modell-Vorstellung von der objektiven Wirklilchkeit *(Realitätsaspekt).* Diese Vorstellung gilt es auf ein *System von Daten*[10] abzubilden, die diese Vorstellung unmittelbar beschreiben *(logischer Aspekt).* Z. B. existiere die Vorstellung von Arbeitnehmern als Objekte eines betrieblichen Informationssystems. Das entsprechende Datensystem könnte aus der Personalnummer, dem Namen, dem Geburtsdatum, der Adresse, der Telefonnummer, dem Gehalt bestehen, aus Daten also, die die Arbeitnehmer für die Zwecke des Informationssystems ausreichend beschreiben[11].

Damit ist aber noch nicht gesagt, auf welche Art und Weise diese Daten auf dem physischen Speichermedium abgelegt sind, also z. B. wie die Magnetplatte organisiert ist und welche Speicherungs- und Zugriffsformen verwendet werden[12] *(physischer Aspekt).* Im Gegensatz zur *problemorientierten Abbildung* von Vorstellungen auf ein

---

8 Person bzw. Institution, die ein spezielles Informationssystem entwirft
9 Person, die ein spezielles Informationssystem verwaltet oder für Auskunftszwecke benutzt, vgl. Abschnitt 6.7
10 Datensystem, von der physischen Realisierung ist völlig abstrahiert
11 Vgl. Abschnitt 6.4
12 Vgl. Abschnitt 6.5

Datensystem ist diese *implementierungsorientierte Abbildung* von einem Datensystem auf ein physisches Speichermedium nicht die Aufgabe des Systementwerfers, sondern die des Datenbanksystems (s. Abb. 6–1).

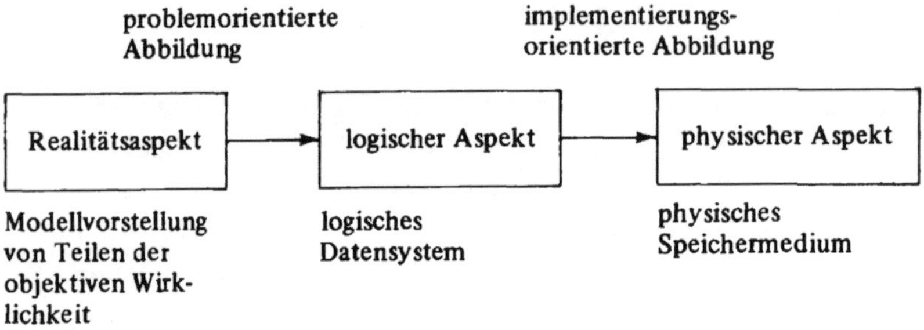

Abb. 6–1. Zur Definition der Aspektebenen

Abgesehen vom Realitätsaspekt, dessen Behandlung naturgemäß nicht dem Datenbanksystem obliegt, sind logischer und physischer Aspekt diejenigen Aspektebenen, die sich bei den meisten existierenden Datenbanksystemen wenigstens im Ansatz unterscheiden lassen[13]. Darüber hinaus gibt es noch feinere Einteilungen, die für besondere Anforderungen zweckmäßig sein können (s. Abb. 6–2).

Bei einem Datenbanksystem, mit dem sehr viele verschiedene Benutzer arbeiten, ist es sinnvoll, daß nicht jeder beliebige Benutzer *Zugriff*[14] zu allen Teilen der Datenbank hat, sei es, um gewisse Teile der Datenbank vor unberechtigtem Zugriff zu schützen[15], sei es, um durch Anbieten von *Teilansichten der Datenbank* dem ungeübten Benutzer den Umgang mit der Datenbank zu erleichtern. Um solche verschiedenen Teilansichten der Datenbank zur Verfügung stellen zu können, muß man die logische Aspektebene aufspalten in im

---

[13] Vgl. z. B. [8]

[14] Zugriff bedeutet Abfragen oder Verändern bereits vorhandener Information oder Einbringen neuer Information

[15] Vgl. Abschnitt 6.8

allgemeinen mehrere *Benutzer(teil)aspekte* und in einen *universellen Aspekt,* der nur dem *Datenadministrator*[16] zugänglich ist[17].

Will man das Datenbanksystem möglichst unabhängig von variierenden *Speichertechnologien* gestalten, empfiehlt es sich, die physische Aspektebene aufzuspalten in einen *linearen Aspekt,* der mit einem linearen Adressenraum (virtueller Speicher) korrespondiert, und in gegebenenfalls mehrere *Hardwareaspekte,* welche die verschiedenen Speichertechnologien (Trommelspeicher, Plattenspeicher, Magnetband) berücksichtigen[18].

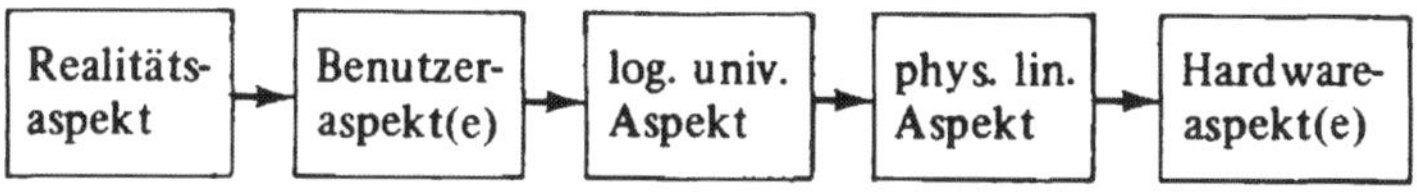

Abb. 6–2. Zur Definition der Aspektebenen

6.3 Beschreibungshierarchie

Es wurde bereits gesagt, daß *Daten* dazu dienen, Teile der objektiven Wirklichkeit zu *beschreiben.* Weiter wurde gesagt, daß bei generalisierten Systemen von vornherein keine bestimmte *Datenstruktur* zugrundegelegt ist, sondern die Datenstruktur *explizit definiert* werden muß. Dies bedeutet, daß bei Datenbanksystemen eine *Beschreibungshierarchie* existieren muß: Die Datenbank beschreibt einen Teil der objektiven Wirklichkeit. Die Struktur der Datenbank wird gesondert beschrieben. Für diese Beschreibung, das *Schema*[19], ist ein eigener Speicherbereich vorgesehen.

---

[16] Person oder Institution, die ein spezielles Informationssystem verantwortlich verwaltet und betreut, auch Datenbankverwalter, engl. data administrator

[17] Z. B. Schema-Subschema-Konzept der CODASYL Data Base Task Group [7]

[18] Z. B. Encoding Model/Physical Model beim Universal Information System von IBM, vgl. [17]

[19] Auch Datenstrukturdefinition, engl. schema, data definition. Bei herkömmlichen Programmiersprachen gibt es auch Schemata, z. B. die Data Division bei COBOL

Der Einführung dieser zweistufigen Beschreibungshierarchie, wie sie bei allen existierenden Datenbanksystemen realisiert ist[20], liegt folgende Betrachtungsweise von Daten zugrunde (s. Abb. 6–3):

Eine Datenmenge bedarf eines *Behälters* zu ihrer Aufbewahrung. Jeder Behälter besitzt eine *Struktur*. Man unterscheidet eine interne Struktur (Strukturierung des Behälters in seinem Inneren) und eine externe Struktur (Einbettung des Behälters in seine Umgebung). Der Behälter wird im allgemeinen mit einem *Inhalt*, der Datenmenge als solcher, aufgefüllt.

Existiert von dem Behälter nicht nur eine Beschreibung, sondern ist er auch explizit vorhanden, wird er als *Instance*[21] bezeichnet. Die Beschreibung der Struktur ist das *Schema*, man unterscheidet entsprechend der internen und externen Struktur ein internes und externes Schema.

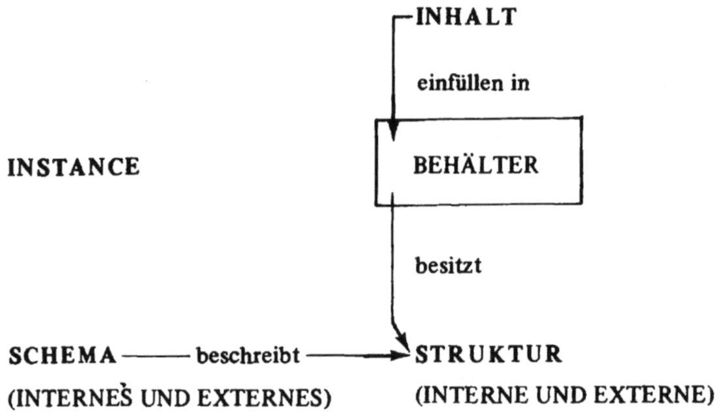

Abb. 6–3. Zur Definition von Schema und Instance, Struktur und Inhalt

---

20 Für besondere Anforderungen kann es zweckmäßig sein, eine dreistufige Beschreibungshierarchie einzuführen, vgl. hierzu [10]

21 Aus dem Englischen instance: Beispiel, Ausfüllung (eines Schemas), auch occurrence

6.4 Grundbegriffe problemgegebener Datenstrukturen

Für die *Darstellung* der objektiven Wirklichkeit durch Daten bzw. Datenstrukturen wurden im Laufe der Zeit die verschiedensten *Methoden* entwickelt.

Bei den meisten der heute existierenden Datenbanksysteme muß sich der Benutzer beim Umgang mit der Datenbank mit Begriffen wie Feldlänge, Block, Bereich, Kette oder Pointer auseinandersetzen, Begriffen, die eindeutig den *physischen Aspekt* betreffen. Der Benutzer muß sich also wenigstens teilweise um die implementierungsorientierte Abbildung kümmern, da die Trennung zwischen logischem und physischem Aspekt nicht scharf vollzogen ist.

Bei einer moderneren Darstellungsmethode erfolgt die Beschreibung der objektiven Wirklichkeit mit Hilfe eines *relationentheoretischen Modells*[22]. Als Hauptvorteile dieses Modells werden genannt, daß es die mathematisch einfachsten aller möglichen Datenstrukturen liefert, daß es vom physischen Aspekt völlig abstrahiert und daß es die höchstmögliche *Unabhängigkeit der Daten* von den Anwendungsprogrammen[23] garantiert. In neuerer Zeit wurden Implementierungen dieses Modells bekannt[24].

Man kann bei der Entwicklung einer Darstellungsmethode auch davon ausgehen, daß die Datenstrukturen möglichst eng mit der *anthropomorphen Vorstellung* des Benutzers von der objektiven Wirklichkeit korrelieren sollen. Der Hauptvorteil eines derartigen Modells[25] ist, daß es Datenstrukturen liefert, welche die Probleme vom Standpunkt des Benutzers aus am besten beschreiben. Der Benutzer versteht die Strukturen der Datenbank somit relativ leicht, was den Umgang mit ihr erheblich vereinfacht.

---

22 Relational Model von Codd [9]

23 Ein Anwendungs- oder Benutzerprogramm dient dazu, bestimmte Funktionen innerhalb eines Informationssystems zu realisieren. Es ist unvorteilhaft, wenn bei einer Umstrukturierung der Datenbank auch viele der existierenden Anwendungsprogramme geändert werden müssen. Daher die Forderung nach Datenunabhängigkeit, engl. data independence

24 Z. B. [6], [16]

25 Vgl. [10]

Im folgenden wird der Stand der Technik bei den Darstellungsmethoden geschildert[26].

Abb. 6–4 zeigt, welche *Datenstrukturelemente*[27] bei Datenbanksystemen in der Hauptsache Verwendung finden und welche Elemente unter- bzw. übergeordnet sind.

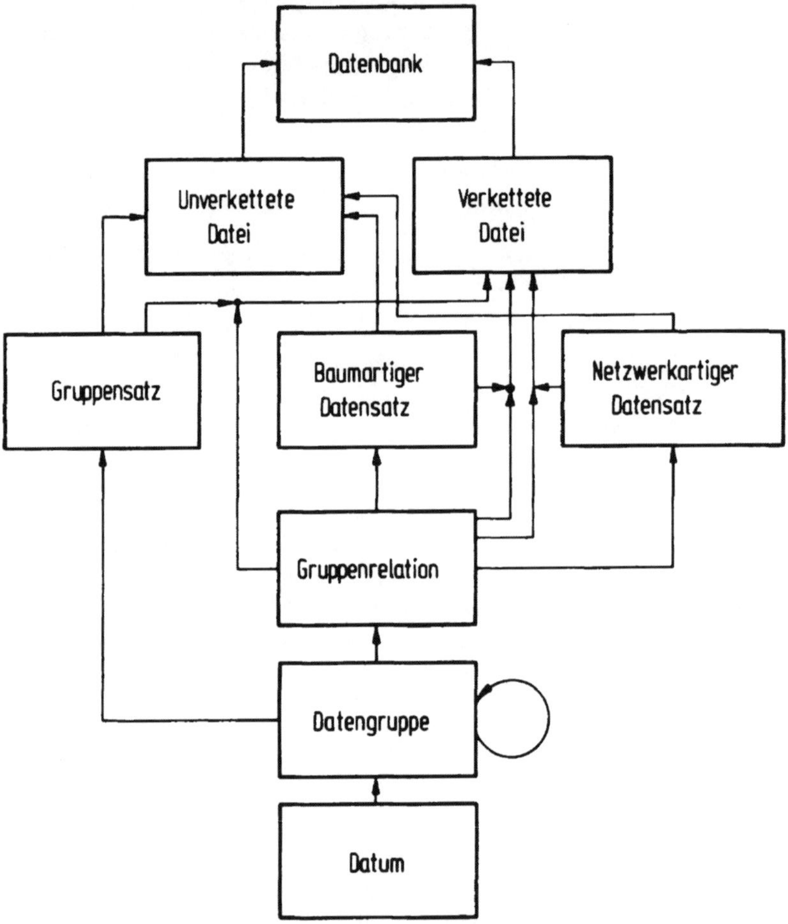

Abb. 6–4. Strukturelemente und ihre Hierarchie

[26] Nach CODASYL Systems Committee, vgl. [8]
[27] Typen von Datenbehältern

Ein *Datum*[28] ist die elementarste und kleinste adressierbare Einheit einer Datenstruktur, aus der sich alle anderen Strukturen zusammensetzen.

Eine *Datengruppe*[29] ist die zugriffsmäßige und im allgemeinen auch physische Zusammenfassung von Daten oder gegebenenfalls auch anderer Datengruppen.

Eine *Gruppenrelation*[30] beschreibt die Beziehung zwischen zwei oder mehreren Datengruppen.

Ein *Datensatz*[31] besteht aus einer Anzahl von Datengruppen oder Gruppenrelationen, wobei eine und nur eine Datengruppe, die den *Datensatz definierende Gruppe*[32] nicht in einer anderen enthalten oder einer anderen untergeordnet ist.

Es gibt folgende drei Haupttypen von Datensätzen, die sich durch verschiedene Organisation innerhalb des Datensatzes unterscheiden.

Ein *Gruppensatz*[33] besteht aus einer einzigen Datengruppe, enthält also keine Gruppenrelationen (s. Abb. 6–5 und 6–6).

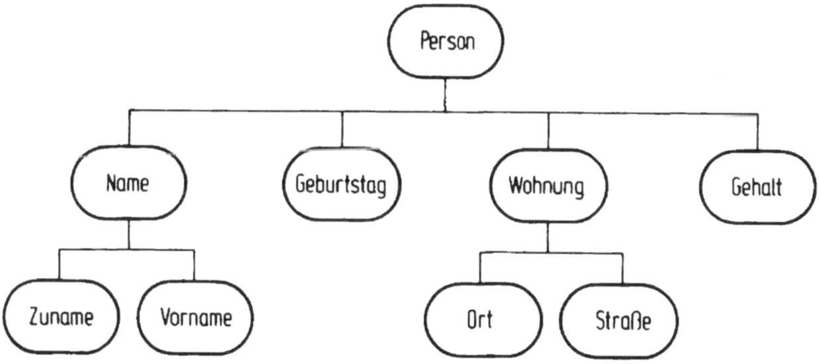

Abb. 6–5. Beispiel für ein Schema eines Gruppensatzes

---

28 Engl. item
29 Engl. group
30 Engl. group relation
31 Engl. entry
32 Engl. entry defining group
33 Engl. group entry

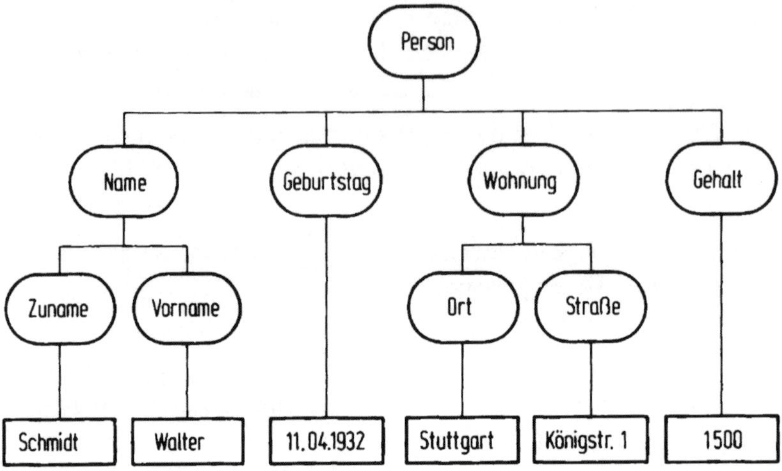

Abb. 6–6. Beispiel für einen Gruppensatz, dem das Schema von Abb. 6–5 zugrundeliegt (Instance)

Ein *baumartiger Datensatz*[34] besteht aus einer Menge von Datengruppen und Gruppenrelationen. Die Datengruppen sind mittels der Gruppenrelationen als Baum angeordnet, so daß jeder Datengruppe genau eine andere Datengruppe übergeordnet ist, ausgenommen der den Datensatz definierenden Gruppe (s. Abb. 6–7 und 6–8).

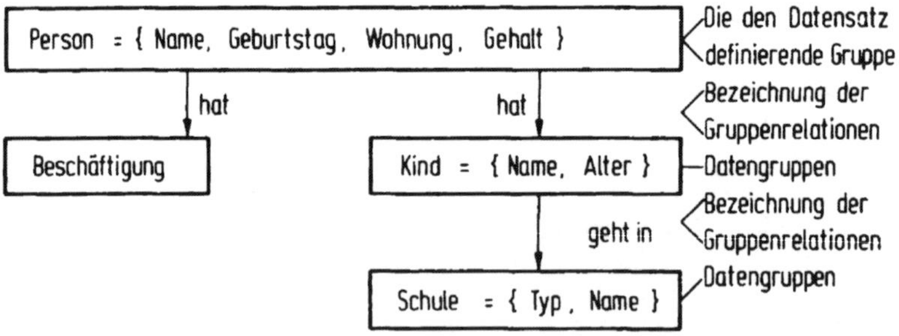

Abb. 6–7. Beispiel für ein Schema eines baumartigen Datensatzes

[34] Engl. tree entry

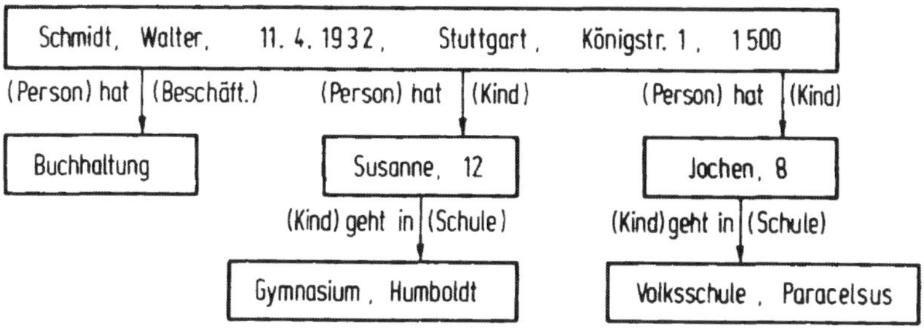

Abb. 6–8. Beispiel für einen baumartigen Datensatz, dem das Schema von Abb. 6–7 zugrundeliegt (Instance)

Ein *netzwerkartiger Datensatz*[35] besteht auch aus einer Menge von Datengruppen und Gruppenrelationen. Im Gegensatz zum baumartigen Datensatz können hierbei aber jeder Datengruppe mehrere

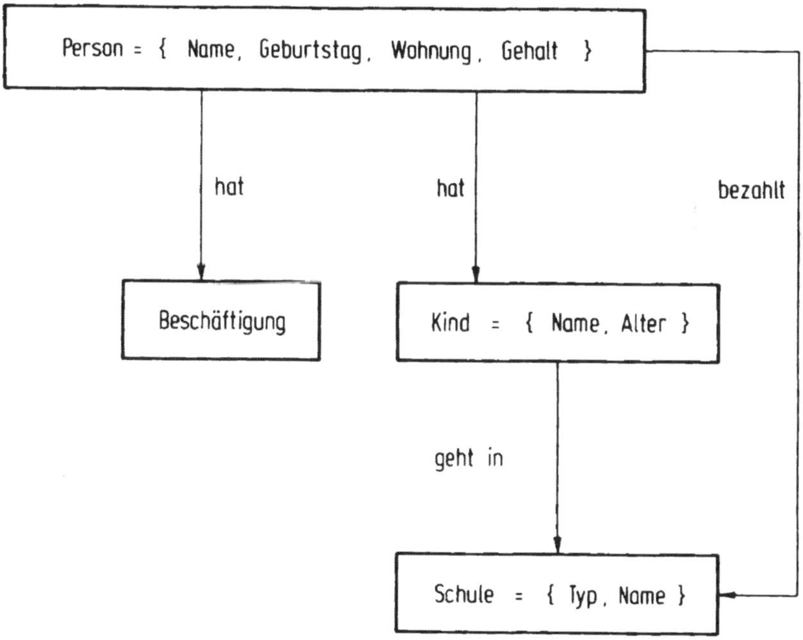

Abb. 6–9. Beispiel für ein Schema eines netzwerkartigen Datensatzes

---

[35] Engl. plex entry

andere Datengruppen übergeordnet sein, ausgenommen der den Datensatz definierenden Gruppe. Somit ist ein netzwerkartiger Datensatz eine Verallgemeinerung eines baumartigen Datensatzes (s. Abb. 6–9 und 6–10).

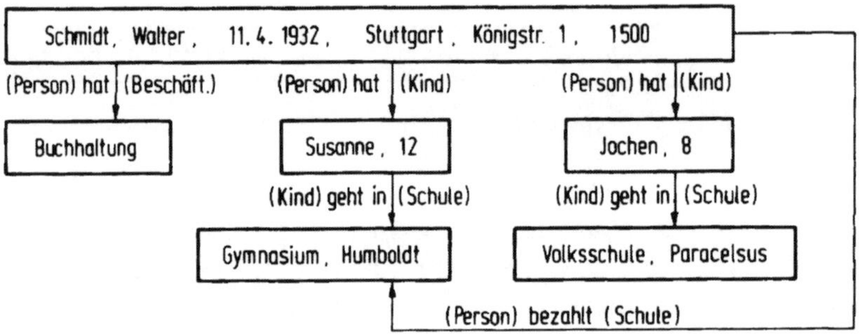

Abb. 6–10. Beispiel für einen netzwerkartigen Datensatz, dem das Schema von Abb. 6–9 zugrundeliegt (Instance)

Eine *Datei*[36] setzt sich aus einer Menge gleichartiger Datensätze zusammen. Dateien, deren Datensätze keine Beziehungen zu anderen Datensätzen haben oder nur durch Ordnungsbegriffe[37] miteinander verknüpft sind, heißen *unverkettete Dateien*[38]. Bestehen explizite Beziehungen zwischen den Datensätzen, spricht man von *verketteten Dateien*[39] (s. Abb. 6–11 und 6–12).

Eine *Datenbank* schließlich ist eine Menge von Dateien, die durch das Datenbanksystem *gleichzeitig* überwacht werden, und auf die folglich der Benutzer gleichzeitig zugreifen kann.

---

36 Engl. file

37 Sortierbegriff, ein Datum, nach dessen Werten z. B. die Datensätze einer Datei zugriffsmäßig geordnet sind

38 Engl. unlinked files

39 Engl. linked files

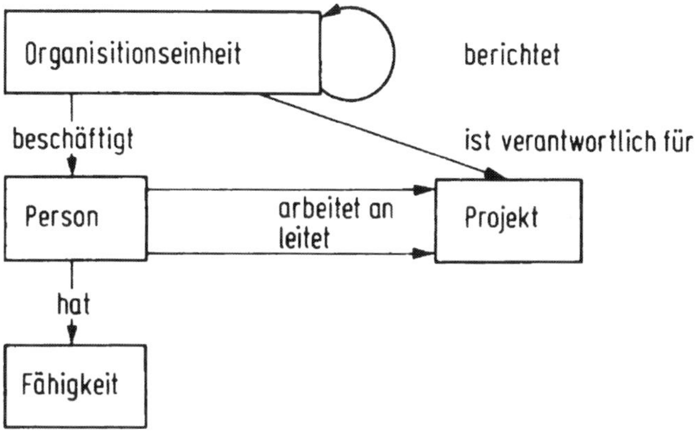

Abb. 6–11. Beispiel für ein Schema einer verketteten Datei

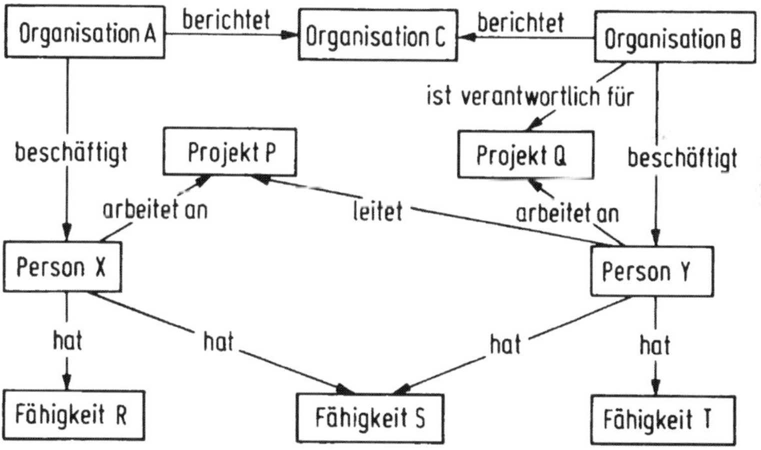

Abb. 6–12. Beispiel für einen Auszug aus einer verketteten Datei, der das Schema von Abb. 6–11 zugrundeliegt (Instance)

6.5 Speicherungs- und Zugriffsformen

Die Datenbank enthält meistens eine so *große Datenmenge,* daß es bei der heutigen Speichertechnologie aus Wirtschaftlichkeitsgründen nicht möglich ist, die gesamten Datenbestände auf internen Speichermedien mit *direktem Zugriff* abzulegen[40]. Nur die aktuell zu verarbeitenden Daten befinden sich vorübergehend auf einem solchen Speichermedium, in diesem Fall *Arbeitsspeicher* genannt. Die übrigen Daten sind auf Hintergrundspeichern mit *halbdirektem*[41] *oder indirektem*[42] *Zugriff* abgelegt. Für diese Ablage bzw. das Suchen der Daten werden unterschiedliche Methoden verwendet, verschiedene *Speicherungs- und Zugriffsformen*[43].

Man kann sie grob einteilen in *sequentielle,* bei denen die Datensätze fortlaufend hintereinander abgelegt werden, und in *gestreute,* bei denen die Datensätze jeweils auf einem Platz abgelegt werden, der durch den Wert eines *Ordnungsbegriffes* definiert ist.

Die sequentiellen Speicherungs- und Zugriffsformen gliedert man in die *starr sequentielle,* bei der die Datensätze in der Eingabereihenfolge physisch hintereinander zu stehen kommen und auch nur in dieser Reihenfolge abgearbeitet werden können, und in die *verkettet sequentielle.* Bei dieser wird eine aufgrund eines Ordnungsbegriffs gegebene Reihenfolge, die im allgemeinen von der Eingabereihenfolge abweicht, z. B. durch *Adreßverkettung* der Datensätze gebildet.

Eine weitere sequentielle Form ist die *index-sequentielle* Speicherungs- und Zugriffsform. Hierbei teilt man sequentiell organisierte Dateien in mehrere *Bereiche* auf und legt die Anfangsadressen dieser Bereiche zusammen mit den zugehörigen Werten des verwendeten Ordnungsbegriffes in einer *Indextabelle*[44] ab. Beim Zugriff auf einen Datensatz muß hierbei nicht wie bei den rein sequentiellen Formen die gesamte Datei durchsucht werden, sondern nur die Indextabelle

---

[40] Z. B. Hauptspeicher
[41] Z. B. Magnettrommel, Magnetplatte
[42] Z. B. Magnetband
[43] Vgl. z. B. [1], [2], [5]
[44] Auch Adreßbuch, engl. directory

und danach der entsprechende Teilbereich der Datei, jeweils sequentiell.

Bei den gestreuten Speicherungs- und Zugriffsformen schließlich kennt man die *direkte Adressierung*, bei welcher der Ordnungsbegriff des Datensatzes numerisch sein muß, um direkt als Adresse für die Ablage des Datensatzes Verwendung zu finden. Die Alternative ist die *indirekte Adressierung*, bei welcher der Ordnungsbegriff, ob numerisch oder nicht, durch einen bestimmten *Algorithmus* in eine Zahl transformiert wird, welche die Adresse des Datensatzes darstellt[45].

6.6 Datenbankoperationen

Für die Durchführung von *Operationen* an den Strukturen oder Inhalten der Datenbank (s. Abb. 6–13, Pfeil 1) ist die Grundvoraussetzung die Beschreibung dieser Strukturen, das Schema[46]. Jede dieser Operationen bezieht vor ihrer eigentlichen Durchführung Informationen über die Datenbankstruktur vom Schema (s. Abb. 6–13, Pfeil 2). Diese Informationen sind nötig, um die Zeichenfolgen, aus denen sich die Datenbank letztlich zusammensetzt, richtig *interpretieren* zu können.

Verschiedene Datenbankanwendungen erfordern im allgemeinen unterschiedliche Datenstrukturen[47]. Wenn das Datenbanksystem in diesem Punkt flexibel sein soll, sind Operationen notwendig, die zur *Definition der Datenstrukturen*[48], d. h. zum Einrichten, Ändern und Auflösen von Schemata dienen (s. Abb. 6–13, Pfeil 3).

Die Operationen an den Instances der Datenbank werden in der Praxis folgendermaßen eingeteilt[49]: Erzeugen[50], Ändern[51] und Abfragen[52].

---

[45] Hash-code
[46] Vgl. Abschnitt 6.3
[47] Vgl. Abschnitt 6.4
[48] Engl. data definition
[49] Nach [8]
[50] Engl. create
[51] Engl. update
[52] Engl. interrogate

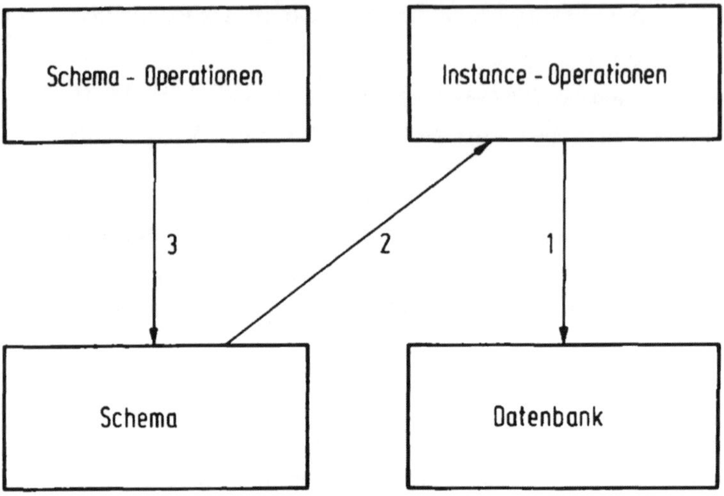

Abb. 6–13. Zur Einteilung der Datenbankoperationen

Mit *Erzeugen* ist gemeint, daß Datensätze bzw. Dateien eingefügt bzw. abgespeichert oder gelöscht werden.

Beim *Ändern* werden Daten bzw. Datensätze nach vorgegebenen *Kriterien* ausgewählt und zunächst von der Datenbank in einen Arbeitsspeicher transportiert. Nach durchgeführter Änderung werden die Daten in die Datenbank zurückgespeichert.

Das *Abfragen* dient der *Informationswiedergewinnung*. Auch hier müssen Daten bzw. Datensätze nach Kriterien, die der Anfragende bestimmt, ausgewählt und in einen Arbeitsspeicher gebracht werden. Hier wird die Information in eine *benutzerfreundliche Form* gebracht, um dann z. B. in gedruckter Form oder auf einem Bildschirm ausgegeben zu werden.

Alle genannten Operationen, einschließlich die Datendefinition, lassen sich auf ein *System von Grundoperationen* zurückführen[53]:

Schema, Struktur und Inhalt sind die Objekte, auf welche die Operationen einwirken[54]. An diesen Objekten lassen sich jeweils die

---

[53] Vorteilhaft für das Design von Datenbanksystemen, vgl. [10]
[54] Vgl. Abschnitt 6.3

Tätigkeiten *Erzeugen, Vernichten und Abfragen* durchführen. Eine bestimmte Tätigkeit an einem bestimmten Objekt heißt Grundoperation (z. B. Struktur abfragen) (s. Abb. 6–14).

Objekte \ Tätigkeiten			Beeinflussen: Erzeugen	Beeinflussen: Vernichten	Abfragen
Schema		Intern	1	1	2,3,4,5,6,7
		Extern			
Instance	Struktur	Intern	2	3	2,3,4,5,6,7
		Extern			
	Inhalt		2,5,6	4	5,7

Abb. 6–14. Zur Definition der Grundoperationen (die Zahlen im Diagramm beziehen sich auf den Text)

Einige Beispiele zur Erläuterung:

Die *Datenstrukturdefinition* (s. Abb. 6–14, Nr. 1) bedeutet die Erzeugung oder Vernichtung eines Schemas.

Das *Einfügen* (s. Abb. 6–14, Nr. 2) erfordert nach der Abfrage des Schemas auch noch die Abfrage der externen Struktur. Erst dann kann das Erzeugen der Behälterstruktur und des zugehörigen Inhalts erfolgen. Ganz ähnlich ist die Sachlage beim *Löschen* von Daten (s. Abb. 6–14, Nr. 3).

Zum *Ändern von Inhalten* gehören auch wieder die Abfrage des Schemas und der Struktur. Geschieht die Änderung in Abhängigkeit der alten Inhalte (s. Abb. 6–14, Nr. 5), so ist weiterhin vor der Erzeugung der neuen Inhalte eine Abfrage dieser alten Inhalte notwendig. Dies ist jedoch nicht erforderlich, wenn der Inhalt nur gelöscht oder überschrieben werden soll (s. Abb. 6–14, Nr. 4 bzw. 6).

Die *Abfrage* von Inhalt schließlich (s. Abb. 6–14, Nr. 7) basiert ebenfalls auf der Abfrage von Schema und Struktur.

6.7 Datenbanksprachen

Zur *Formulierung* der Datenbankoperationen bzw. der Benutzerprogramme, die ein Datenbanksystem mit speziellen Strukturen, Daten und Funktionen erfüllen, werden zum Teil oder ausschließlich *spezielle problemorientierte sprachliche Mittel* eingesetzt. Diese sind üblicherweise in zwei Sprachbereiche gegliedert, und zwar zum einen in einen Bereich, welcher zur Formulierung des Schemas dient (*Datendefinitionssprache*[55]), zum anderen in einen Bereich, der die Instances der Datenbank behandelt (*Datenmanipulationssprache*[56]). Die Datendefinitionssprache ist im allgemeinen dem Datenadministrator vorbehalten, während die Datenmanipulationssprache, wenn auch mitunter nur eingeschränkt, jedem beliebigen Benutzer zur Verfügung steht[57].

Die verschiedenen Datenbanksprachen lassen sich in zwei Klassen einteilen, in die selbständigen Sprachen und die Gastsprachen[58]:

Gastsprachen[59] sind Erweiterungen von problemorientierten Programmiersprachen, den *Gastgeber- oder Basissprachen*[60]. Die Erweiterung bewältigt in erster Linie den *Datenbankverkehr,* das Suchen bzw. Abspeichern von Datenbeständen. Die übrigen Funktionen, wie Ändern, Sortieren, Mischen, Aggregieren oder arithmetische Funktionen müssen von der Basissprache übernommen werden. Dementsprechend erfordert die Formulierung von Benutzerwünschen im allgemeinen Elemente sowohl der Gastsprache wie auch der Basissprache, was den Nachteil hat, daß nur Anwendungs-Programmierer mit dem System umgehen können[57]. Für die Datenstrukturdefinition muß man häufig mit Elementen der Basissprache auskommen.

---

[55] Engl. data definition language, abgekürzt DDL

[56] Engl. data manipulation language, abgekürzt DML

[57] Es wird vielfach von einer Art Benutzerhierarchie gesprochen:
Datenadministrator (umfassender Überblick, uneingeschränkter Zugriff)
Anwendungsprogrammierer (eingeschränkter Überblick, eventuell eingeschränkter Zugriff)
Nichtprogrammierer (eingeschränkter Überblick, spezielle Zugriffe)
Parametrischer Benutzer (kein Überblick, spezielle, vorprogrammierte Zugriffe)

[58] Nach [8]

[59] Engl. guest languages

[60] Engl. host languages

Selbständige Sprachen[61] sind in ihrer Anwendung völlig unabhängig von anderen Programmiersprachen, d. h. dem Benutzer stehen nur Elemente der selbständigen Sprache zur Verfügung. Sie muß also nicht nur den Datenbankverkehr abdecken können, sondern auch alle anderen notwendigen Funktionen. Selbständige Datenbanksprachen sind meistens nicht prozedural, sondern *resultatorientiert*[62] Sie sind häufig *umgangssprachlich* orientiert, daher *benutzerfreundlich,* leicht zu erlernen und auch vom Nichtprogrammierer[57], z. B. dem Manager oder Fachspezialisten verwendbar.

Als Beispiel eine *Anfrage,* in einer selbständigen Sprache formuliert: Innerhalb eines Unternehmens soll eine Person für eine besondere Aufgabe gesucht werden, die Person soll von der Ausbildung her Mathematiker oder Informatiker sein, soll außerdem Französischkenntnisse besitzen, ledig und zwischen 25 und 30 Jahre alt sein. Von allen Personen, die diese Bedingungen erfüllen, sollen Name, Personalnummer, Telefonnummer und Abteilung ausgegeben werden. Die Anfrage könnte folgendermaßen formuliert sein:

```
HOLE PERSONAL
WENN AUSBILDUNG = MATHEMATIK ODER INFORMATIK
UND FÄHIGKEIT = FRANZÖSISCH
UND FAMILIENSTAND = LEDIG
UND ALTER GRÖSSER = 25 UND KLEINER = 30
DRUCKE NAME, PERSONALNUMMER, TELEFON, ABTEILUNG.
```

Diese Anfrage wird intern in *Prozeduren* übersetzt, die z. B.[63] die gesamte Personaldatei nach den angegebenen *Kriterien* durchsuchen und die gefundenen Daten in einem Standardformat über Schnelldrucker oder Bildschirm ausgeben.

---

61 Engl. self-contained languages

62 Das gewünschte Resultat wird direkt spezifiziert, es müssen keine Einzelschritte programmiert werden, vgl. [14], [15]. Engl. goal-oriented, result-oriented

63 Wie die Prozeduren im einzelnen aussehen, hängt natürlich stark von den Datenstrukturen ab

6.8 Datenschutz und Datensicherung

Die Verwendung *zentraler* Datenbanken bringt unbestreitbare Vorteile mit sich. Im staatlichen Gesundheitswesen z. B. können Datenbanken, die medizinische Kenndaten weiter Bevölkerungskreise enthalten, dazu beitragen, eine mitunter lebenswichtige, schnelle und lückenlose Auskunft zu liefern, die dem Arzt eine rasche Diagnose erleichtert.

Auf der anderen Seite ergeben sich große Gefahren, wenn die in zentralen Datenbanken abgelegten Informationen *mißbraucht* werden, besonders dann, wenn Betriebs- oder Amtsgeheimnisse oder personenbezogene Informationen gespeichert sind. Es müssen verschiedene *Maßnahmen* getroffen werden und zusammenwirken, um solchen Mißbrauch zu verhindern, hardwaremäßiger, softwaremäßiger, organisatorischer und vor allem gesetzgeberischer Art. Diese Maßnahmen faßt man unter dem Begriff *Datenschutz*[64] zusammen.

Ein wichtiger Gesichtspunkt beim Datenschutz ist, daß nur *autorisierte* Personen Zugriff zur zentralen Datenbank haben dürfen bzw. daß beliebigen Personen der Zugriff nur beschränkt im Rahmen bestimmter *Benutzerprofile*[65] erlaubt ist. Jeder Benutzer muß seine Legitimation bzw. sein Benutzerprofil nachweisen[66], bevor er auf die Datenbank zugreifen darf.

Es gibt verschiedene Arten der *Zugriffsbeschränkung*. Z. B. kann man dem Benutzer nur eine *Teilansicht* der Datenbank zur Verfügung stellen[67]. Der Benutzer hat dann nicht zu allen Datenbeständen Zugriff. Auch die *Form des Zugriffs* kann beschränkt werden, z. B. indem der Benutzer wohl Information abfragen, aber nicht verändern kann.

Zu erwähnen ist noch das Problem der *Datensicherung*[68]. Darunter versteht man hardwaremäßige, softwaremäßige oder organisatorische

---

64 Engl. data privacy, [12], [18]

65 Festlegung, was einem bestimmten Benutzer oder einer bestimmten Klasse von Benutzern erlaubt ist

66 Benutzeridentifikation

67 Vgl. Abschnitt 6.2

68 Engl. data integrity

Maßnahmen zur Vermeidung von unbeabsichtigter *Veränderung oder Zerstörung* von Datenbeständen bei Maschinendefekten oder unsachgemäßer Handhabung.

6.9 Existierende Datenbanksysteme

Aus der Vielzahl der existierenden Datenbanksysteme wird eine Auswahl in einer *tabellarischen Übersicht* vorgestellt[69]. Als charakteristische Merkmale sind angegeben die Bezeichnung und der Hersteller, die Sprachklasse und eventuell die Basissprache, der Typ der Datenstruktur, die Speicherungs- und Zugriffsformen, der Datenträger, die Rechenanlage und das Betriebssystem, unter dem das Datenbanksystem arbeitet (s. Abb. 6–15).

Literatur

Einführende Literatur:

[1] Ahrens, Friedhelm u. Helmut Walter: Datenbanksysteme. Berlin 1971.

[2] Fischer, Rolf u. Helmut Walter: Informationssysteme in Wirtschaft und Verwaltung. Berlin 1971.

[3] Lutz, Theo u. Herbert Klimesch: Die Datenbank im Informationssystem. München 1971.

[4] Plesch, M. u. J. Griese: Eigenschaften von Datenbanksystemen – ein Vergleich, Angewandte Informatik, Heft 11/1972.

[5] Wedekind, Hartmut: Datenorganisation z. verb. Aufl. Berlin, New York 1972.

Weiterführende und spezielle Literatur:

[6] Bracchi, Giampio u. a.: A Relational Data Base Management System, Proceedings of the ACM, Annual Conference Boston 1972.

---

69 Nach verschiedenen Quellen, hauptsächlich [1], [8]

Bezeichnung	ADABAS	DBS	DBTG (Entwurf)	GIS
Hersteller	AIV-Institut	Telefunken	CODASYL	IBM
Sprachklasse	Gastsprache	Gastsprache	Gastsprache	selbständige Sprache
Basissprache	COBOL, PL/1 FORTRAN	ALGOL, COBOL FORTRAN	COBOL	
Datensatz-Typ	Gruppe	Gruppe	Gruppe	Baum
Datei-Typ	nicht verkettet	verkettet	verkettet	nicht verkettet
Speicherungsform	sequentiell, index-sequ.	sequentiell, index-sequ., gestreut	index-sequ.	sequentiell, index-sequ.
Datenträger	Platte	Wechsel-platte, Trommel		Band, Platte
Rechenanlage	Siemens 4004, IBM 360/30 aufwärts	TR 440		IBM 360/40, IBM 360/50
Betriebssystem	Siemens PBS, OS 360, DOS 360	BS 2,BS 3		OS 360 MFT-II, MVT
Betriebsart	Stapel und on-line	Stapel und on-line		Stapel und on-line

IDS	IMS	MARK IV	NIPS/FFS	TDMS
General Electric	IBM	Informatics Inc.	IBM	System Development Corp.
Gastsprache	Gastsprache	selbständige Sprache	selbständige Sprache	selbständige Sprache
COBOL, FORTRAN	COBOL, PL/1			
Gruppe	Baum, Plex	Baum	Gruppe	Gruppe
verkettet	verkettet	nicht verkettet	nicht verkettet	nicht verkettet
sequentiell, gestreut	sequentiell, index-sequ., direkt	sequentiell, index-sequ.	sequentiell, index-sequ.	direkt
Platte	Band, Platte	Band, Platte	Band, Platte	Band, Platte
GE 200, GE 400, GE 600	IBM 360/40 aufwärts IBM 370	IBM 360/25 aufwärts RCA Spectra 70	IBM 360, IBM 1410/ 7090	IBM 360/50
GECOS-III	OS 360, MFT, HVT	OS 360, DOS 360, PCP, TDOS	OS 360, MFT-II MVT, PCP	ADEPT 50
Stapel und on-line	Stapel oder on-line	Stapel	Stapel und on-line	on-line

Abb. 6–15. Tabellarische Übersicht über einige existierende Datenbanksysteme

[7] CODASYL: Data Base Task Group Report. Amsterdam April 1971.

[8] CODASYL: Feature Analysis of Generalized Data Base Management Systems, Technical Report. New York, Mai 1971.

[9] Codd, E. F.: A Relational Model of Data for Large Shared Data Banks, Communications of the ACM. Vol. 13, Nr. 6, Juni 1970.

[10] Falkenberg, Eckhard u. a.: NEOS – Ein Ansatz zur Lösung einiger offener Probleme bei der Konzeption von Datenbanksystemen, Lecture Notes in Economics and Mathematical Systems 78, 2. GI-Jahrestagung, Heidelberg 1973.

[11] McGee, William: File Structures for Generalized Data Management, Proceedings of the IFIP congress 68, Vol. 1 Amsterdam 1969.

[12] Gesellschaft für Mathematik und Datenverarbeitung: Verfahren und Techniken des Datenschutzes und der Datensicherung bei elektronischen Datenverarbeitungsanlagen, Technischer Report, Bonn 1972.

[13] Klimesch, Herbert: Information Management System, IBM-Nachrichten, August 1969.

[14] Lutz, Theo: Generalized Information System – Ein Exekutivsystem für Datenbankprobleme, IBM-Nachrichten, Juni und August 1969.

[15] Olle, William: A Non-procedural Language for Retrieving Information from Data Bases, Proceedings of the IFIP congress 68, Vol. 1 Amsterdam 1969.

[16] Notley, M. G.: The Peterlee IS/1 System, Technical Report, IBM UK, März 1972.

[17] Senko, Michael u. a.: Data Struktures and Accessing in Data Base Systems, IBM-Systems Journal, Vol. 12, Nr. 1, 1973.

[18] Warner, Malcolm u. Michael Stone: The Data Bank Society. Organisation, Computers and Social Freedom. London 1970.

7. Die Entstehung des Informationsbegriffs und seine Quantifizierung

Von Paul Roos

7.1 Hartleys Informationsbegriff

7.1.1 Die nachrichtentechnische Motivation

Im Herbst des Jahres 1927 legte *R. V. L. Hartley* [6] auf dem Internationalen Kongreß für Telegraphie und Telephonie am Comer See eine Abhandlung mit dem Titel „Transmission of Information“ vor.

Hartley, der seit 1913 dem Engineering Department der Bell-Telephon-Laboratorien angehörte, verfolgte, wie er sagte, das Ziel, ein quantitatives Maß zu finden, mit dessen Hilfe Systeme bezüglich ihrer Fähigkeit, Information zu übertragen, verglichen werden konnten. Zu den Systemen, die er in Betracht zog, gehörten u. a. Telegraphie, Telephonie, Bildfunk und Fernsehen. Obwohl Hartley mit seinem allerdings noch kombinatorischen Informationsbegriff einen neuen wissenschaftlichen Schlüsselbegriff formulierte, dessen Bedeutung für die heraufkommende Automation mit der des Energiebegriffs für die Industrialisierung verglichen werden kann, hatte seine Untersuchung zunächst keine Resonanz.

Hartley selbst nahm keine Notiz von einer Arbeit, die *H. Nyquist* [13], Mitglied der Entwicklungs- und Forschungsabteilung der Amerikanischen Telephon- und Telegraphengesellschaft, bereits im Jahre 1924 veröffentlichte. Dort wurde die Anzahl der Zeichen, die in der Zeiteinheit übertragen wurden, als Geschwindigkeit der „transmission of intelligence" bezeichnet. Sein Interesse galt der Auswahl eines Codes, der bei gegebener Anzahl von Signalelementen einen maximalen Betrag von „intelligence" übertragen konnte. Da sich Nyquist jedoch unmittelbar auf Code bezog und nicht auf die damit kodierbaren Textmengen, gelangte er nicht zu dem wesentlichen Charakteristikum des Informationsbegriffs wie später Hartley, obwohl beider Argumentation formale Ähnlichkeiten aufweist.

Erst 1948 veröffentlichte *C. E. Shannon* [18], ebenfalls Mitglied der Bell-Laboratorien, seine bereits weit entwickelte statistische Theorie der Kommunikation, in der er an die Hartleyschen Überlegungen anknüpfte. Eine solche Theorie war inzwischen dringend erforderlich geworden. Das elektrische Nachrichtenwesen hatte sich mit einer Intensität weiterentwickelt, daß man Ende der dreißiger Jahre gezwungen war, die Übertragungskanäle bis an die Belastungsgrenze auszunützen. Dabei stellte sich, wie *N. Wiener* [23, S. 228 f.] ausführte, das nur statistisch zu erfassende Eigengeräusch der Kanäle als ein ernstliches praktisches Hemmnis für deren volle Ausnutzung heraus. Hierdurch und durch die schon z. B. *S. F. B. Morse* bekannte statistische Struktur der Sprache wurde es notwendig, einen statistischen Informationsbegriff zu entwickeln. Dieser kann als eine Verallgemeinerung des kombinatorischen Informationsbegriffs von Hartley angesehen werden. Betrachtet man nämlich die übertragenen Zeichen als gleichverteilt, so geht der statistische Informationsbegriff von Shannon in den kombinatorischen von Hartley über. In der Arbeit von Hartley [6, S. 537] selbst findet sich bereits in diesem Sinne ein Ansatz zu einer statistischen Deutung des kombinatorischen Informationsbegriffs, der aber nicht weiter verfolgt wird. Neuerdings gewinnt der kombinatorische Informationsbegriff durch Untersuchungen von *A. N. Kolmogoroff* [11] sogar wieder selbständige Bedeutung. Nicht nur deshalb, sondern auch wegen der seiner Zeit vorauseilenden grundsätzlichen Analyse des Kommunikationsprozesses lohnt es sich, sich mit der Hartleyschen Arbeit zu befassen.

7.1.2 Hartleys Maß für Information

Technische Vergegenständlichung kommunikativer Prozesse zwingt zur Normierung und Operationalisierung der zu ihrer Beschreibung überkommenen meist mentalistischen Begriffe. Die sich heute abzeichnende begriffliche Standardisierung, zusammengestellt etwa bei *C. Mohr* [12], befindet sich zur Zeit der Untersuchung Hartleys in den Geburtswehen. Hartley [6, S. 536] findet denn auch, daß „Information" ein sehr dehnbarer Begriff ist. Um diesen Begriff für seine Zwecke, d. h. der an der Nachrichtenübertragung orientierten Vergegenständlichung kommunikativer Prozesse, zu klären, geht er von einer Analyse der technischen Übertragungsprozesse von Information aus.

Kommunikation erfolgt danach mittels physikalischer Mittel, in Gestalt von gesprochenen oder geschriebenen Wörtern oder als Stromimpulse, „Punkte" und „Striche", von verschiedener Dauer. Diese Mittel haben für die am Kommunikationsprozeß Beteiligten eine bekannte Bedeutung. Sie geben ihnen eine Information. Die Formulierung (s. dazu Abschnitt 3.2) dieser Information über einem bestimmten Repertoire von Mitteln heißt Nachricht oder: „Die (abstrakte) Information wird durch die (konkrete) Nachricht mitgeteilt" [2, S. 1]' Man kann auch sagen: Die Nachricht wird von den Beteiligten nach einer Vorschrift (z. B. Konvention) interpretiert und so die Information übernommen. Der Kommunikationsprozeß erweist sich so als ein Zeichenprozeß im Sinne von *C. S. Peirce* und *M. Bense* [15, S. 13], wobei die drei Elemente Nachricht N, Information I und Interpretationsvorschrift V die Komponenten der dreistelligen Zeichenrelation Z_R (I, N, V) bilden.

Eine der wesentlichen neuen Einsichten Hartleys in die Form der technischen Vergegenständlichung des Kommunikationsprozesses ist, daß dieser in einem Entscheidungsprozeß besteht. Hartley erläutert dies an der Übermittlung der Information

I = Äpfel sind rot.

Diese Information I kann z. B. durch die Nachricht

N = „Äpfel sind rot",

bestehend aus der Folge von 3 gesprochenen Wörtern „Äpfel", „sind", „rot" mitgeteilt werden. Die verwendeten Anführungszeichen markieren, daß nur die Zeichenkombination gemeint ist. Im folgenden werden diese wieder weggelassen. Diese Wörter sind Elemente einer prinzipiell endlichen Menge A von Zeichen für die Mittel, aus denen sich die Nachricht sukzessive aufbaut. A heißt Zeichenvorrat oder Mittelrepertoire. Eine endliche Folge von Elementen aus A heißt allgemein auch Wort. Ein Wort aus n Elementen hat die Länge n. A^n bezeichnet die Menge der Wörter von der Länge n und $A^* = \bigcup_{0}^{\infty} A^n$ ist die Menge der überhaupt möglichen Wörter. Dabei ist A^0 die Menge, die aus dem Wort der Länge 0, dem sog. Leerwort besteht.

Man kann die von Hartley betrachtete Situation in dieser Terminologie näher präzisieren, wenn man A z. B. durch

A = {Äpfel, Birnen, Tische, sind, rot, gelb, lang, oder} (1)

definiert. In der erläuterten abstrakten Terminologie ist dann die Nachricht N ein Wort der Länge n = 3 über dem Zeichenvorrat A. Es gilt also $N \in A^3$ und $N \in A^*$. Der Zeichenvorrat besteht aus card (A) = 8 Elementen. Dabei bedeutet card (A) die Anzahl (Kardinalzahl) der Elemente von A. Die Nachricht N entsteht dadurch, daß man sich dreimal nacheinander für ein bestimmtes Element der

Menge A entscheidet. Für den an diesem Kommunikationsprozeß beteiligten Menschen sind natürlich nicht alle so entstehenden Nachrichten, d. h. Wörter aus A^3 sinnvoll. Hartley war sich aber klar, daß für einen schematisch arbeitenden Übertragungsmechanismus dieser „Sinn" keine Rolle spielt. Vom Standpunkt des Nachrichteningenieurs sind solche mentalen, psychischen oder sozialen Faktoren bei der Maßbestimmung für die Information in einer Nachricht zu eliminieren, weil diese in seinen Übertragungsmaschinen nicht berücksichtigt werden. Für die nachrichtentechnischen Übertragungsmaschinen sind dementsprechend alle Nachrichten $N \in A^3$ „gleich gültig", also alle zugelassen.

Hartley bemerkt an dieser Stelle seiner Untersuchung, daß der nachrichtenerzeugende Mensch für eine solche technische Übertragungsmaschine durch einen Automaten ersetzt werden kann, der zufällig Zeichen aus dem Zeichenvorrat auswählt und zu Wörtern, d. h. Nachrichten zusammenstellt. Hartley verfolgt den Gedanken einer statistischen Nachrichtenquelle, der später bei Shannon so wichtig wird, nicht weiter, sondern bleibt bei der rein kombinatorischen Entstehung der Nachrichten.

Die Identifizierung einer Nachricht $N \in A^n$ erfolgt also in einem n-stufigen Entscheidungsprozeß. Ist dieser Prozeß abgeschlossen, dann ist mit der Nachricht N für den, der über die Interpretationsvorschrift V für die Nachrichten $N \in A^n$ verfügt, auch die Information I vorhanden. Hartley stellte sich die Aufgabe, ein numerisches Maß anzugeben, mit dem man den Entscheidungsaufwand *für* eine Nachricht, oder wie wir sagen werden, die kombinatorische Entscheidungsinformation *in* einer Nachricht N der Länge n messen und dadurch vergleichen kann. Er macht den folgenden Ansatz:
Die Entscheidungsinformation H (N) in einer Nachricht N der Länge n über einem Alphabet A ist proportional n, der Anzahl der Entscheidungen zur Bestimmung von N, d. h. es gilt

$$H(N) = n \cdot C(A). \qquad (2)$$

Dabei ist C (A) der Proportionalitätsfaktor, der lediglich vom verwendeten Zeichenvorrat A abhängt. C (A) ist also eine Konstante des Übertragungssystems. Die kombinatorische Entscheidungsinformation H (N) ist also von der Information I, welche die Bedeutung von N gemäß einer Interpretationsvorschrift enthält, streng zu unterscheiden. Die Aufgabe besteht jetzt weiter darin, die Konstante C (A) festzulegen. Nach der Definitionsgleichung (2) ist C (A) jedenfalls die kombinatorische Entscheidungsinformation einer Nachricht N über dem Zeichenvorrat A von der Länge 1.

Um den Proportionalitätsfaktor C (A) zu bestimmen, überlegt Hartley weiter: B sei ein weiterer Zeichenvorrat und m eine natürliche Zahl, so daß der Nachrichtenvorrat B^m eineindeutig auf den Nachrichtenvorrat A^n durch eine Funktion φ abgebildet werden kann. $N' \in B^m$ sei die Nachricht, auf die $N \in A^n$ dabei eineindeutig abgebildet wird. Wegen (2) gilt dann jedenfalls

$$H(N') = m \cdot C(B). \qquad (3)$$

Ist z. B. A die durch Gleichung (1) gegebene Menge und $B = \{0, L\}$, so kann zunächst A durch die Funktion $c : A \to B^3$ z. B. in der folgenden Weise codiert werden (Abb. 7–1).

x	c(x)
Äpfel	000
Birnen	00L
Tische	0L0
sind	L00
rot	0LL
gelb	L0L
lang	LL0
oder	LLL

Abb. 7–1. Code-Tabelle für die Menge A von Gleichung (1)

Die Elemente 000, . . ., 111 von B^3 sind endliche Folgen der Länge 3. Nach den üblichen Konventionen der Mathematik würden diese in der Form (0, 0, 0), . . ., (1, 1, 1) geschrieben. In informationstheoretischen Zusammenhängen heißen diese endlichen Folgen Wörter über B. Man läßt deswegen im allgemeinen Klammern und Komma weg und setzt die Folgenelemente unmittelbar hintereinander. In der obigen Tabelle ist also $x \in A$ und $c(x) \in B^3$. Die Funktion

$\varphi : A^3 \to B^9$ erhält man dann durch die Festsetzung

$$\varphi(X) = c(x_1)\, c(x_2)\, c(x_3),$$
$$X = x_1\, x_2\, x_3,\ x_i \in A,\ i = 1, 2, 3.$$

Wer über die Interpretationsvorschrift V für die Nachrichten $N \in A^n$ und über die eineindeutige Abbildung $\varphi : A^n \to B^m$ verfügt, kann aus N' genau dieselbe Information I entnehmen wie vorher aus N. Entsprechend fordert Hartley, daß auch die kombinatorische Entscheidungsinformation einer Nachricht aus einem Nachrichtenvorrat nicht von der Darstellung dieses Nachrichtenvorrats abhängt. Hartley kommt so zu der Invarianzforderung

$$H(N') = H(N) \tag{4}$$

für die kombinatorische Entscheidungsinformation.

Diese Invarianzforderung (4) nützt Hartley in der folgenden Weise aus. Sei $B = \{0, L\}$ und sei A^n irgendeine Nachrichtenmenge. Falls ein m existiert, so daß sich A^n eineindeutig auf B^m abbilden läßt, dann gilt, wie aus den Gleichungen (2), (3), (4) und der Gleichmächtigkeit von A^n und B^m folgt, die Beziehung

$$\frac{C(A)}{\log(\mathrm{card}(A))} = \frac{C(B)}{\log(\mathrm{card}(B))} = \frac{C(B)}{\log 2}$$

wobei die Basis des Logarithmus noch nicht festgelegt ist. Für die konstante rechte Seite werde C_0 gesetzt. Dann ergibt sich

$$C(A) = C_0 \log(\mathrm{card}(A)).$$

Die Multiplikation des Logarithmus mit der Konstanten C_0 bedeutet lediglich eine Änderung der ursprünglichen Basis des Logarithmus. Bei passender Wahl dieser Basis kann also

$$C(A) = \log(\mathrm{card}(A)) \tag{5}$$

gesetzt werden. Die endgültige Wahl einer Basis für den Logarithmus bedeutet jetzt die Festlegung einer Einheit für die kombinatorische Entscheidungsinformation. Die Beziehung (5) gilt aufgrund ihrer Ableitung nur für Mengen A, deren Kardinalzahl eine ganzzahlige (nicht negative) Potenz von 2 ist. Hartley geht nun weiter einfach so vor, daß er die Gleichung (5) auch für solche Mengen A zur Berechnung ihrer Entscheidungsinformation benützt, deren Kardinalzahl nicht von der angegebenen Form ist.

Wie diese allgemeine Benützung der Formel (5) für die kombinatorische Entscheidungsinformation besser motiviert werden kann, soll im nächsten Abschnitt gezeigt werden. Jedenfalls hat sich die Formel (5) in dieser verallgemeinerten Form als grundlegend, insbesondere auch für die von Shannon untersuchte statistische Entscheidungsinformation, erwiesen. Heute wählt man für die Basis des Logarithmus in (5) die Zahl 2. Für die obige Menge $B = \{0, L\}$ erhält man $C(B) = \log_2 2 = 1$ und für die Menge A, definiert in Gleichung (1), erhält man $C(A) = \log_2 8 = 3$.

7.2 Vervollständigung des Hartleyschen Ansatzes

7.2.1 Eine Funktionalgleichung für die kombinatorische Entscheidungsinformation

Die fundamentale Invarianzrelation (4) in Abschnitt 7.1.2 kann man zur Ableitung einer Funktionalgleichung für C (A) benützen. Aus der Invarianzforderung kann man zunächst zwei wichtige Folgerungen ziehen.

Erstens: Ist bereits B eineindeutig auf A abbildbar, kann also dann $m = n$ gewählt werden, so folgt wegen der Invarianzforderung aus den Gleichungen (2) und (3) des Abschnitts (7.1.2), daß auch

$$C(A) = C(B)$$

ist, d. h. C (A) ist nur von der Kardinalzahl von A abhängig. Es gilt also

$$H(N) = n \cdot C(\text{card}(A)) \tag{1}$$

und entsprechend

$$H(N') = m \cdot C(\text{card}(B)). \tag{2}$$

Zweitens: Setzt man $B = A^n$ und wählt $m = 1$, dann folgt aus Gleichung (2)

$$H(N') = 1 \cdot C(\text{card}(A^n) = C((\text{card}(A))^n). \tag{3}$$

Setzt man noch card (A) = a, dann erhält man unter Berücksichtigung der Invarianzforderung aus den obigen Gleichungen (1) und (2) die Funktionalgleichung

$$C(a^n) = n \cdot C(a). \qquad (4)$$

für die Funktion $C: N_0 \to R$, wobei $N_0 = \{0, 1, 2, \ldots\}$ die Menge der natürlichen Zahlen einschließlich der Null und R die Menge der reellen Zahlen ist. Die Entscheidungsinformation einer Nachricht $N \in A^n$ ist dann durch

$$H(N) = n \cdot C(a) \qquad (5)$$

gegeben.

7.2.2 Die axiomatische Festlegung

Durch die Funktionalgleichung (4) ist der Proportionalitätsfaktor C (a) allerdings noch nicht eindeutig bestimmt. Auch dann nicht, wenn man noch die „Anfangsbedingung"

$$C(2) = 1 \qquad (6)$$

vorgibt, was der Festlegung der Einheit der kombinatorischen Entscheidungsinformation entspricht. Denn die Funktion

$$C(a) = \log_2(a)$$

ist zwar eine Lösung der Funktionalgleichung (4), was den Hartleyschen Ansatz (5) in Abschnitt 1.2 stützt. Aber auch die Funktion

$$C(a) = \begin{cases} \log_2(a), & a = 2^k, \; k = 0, 1, 2, \ldots, \\ 0 & , \text{ sonst }, \end{cases}$$

ist z. B. eine Lösung, welche der Bedingung (6) genügt, wie man durch Einsetzen bestätigt. Wenn man die Entscheidungsinformation als eindeutige Lösung der Funktionalgleichung (4) charakterisieren will, muß man außer der Bedingung (6) noch mindestens eine weitere Forderung stellen. Um zu dieser zusätzlichen Forderung zu gelangen, kann man von der Invarianzforderung (4) in Abschnitt 7.1.2 ausgehen. Dies gilt ja, wenn card (A) = a und card B = b gesetzt werden, genau dann, wenn $b^m = a^n$ ist. Man kann jetzt (4) durch die mit ihr verträgliche zusätzliche Forderung

$$H(N') \geqq H(N), \text{ für } b^m \geqq a^n, \qquad (7)$$

ergänzen. Diese plausible Forderung besagt, daß die Entscheidungsinformation in der Nachricht $N' \in B^m$ größer oder jedenfalls nicht kleiner ist als in der Nachricht $N \in A^n$, wenn B^m mehr Elemente enthält wie A^n. Für den Fall m = n, erhält man daraus die Bedingung

$$C(b) \geqq C(a), \text{ für } b \geqq a. \tag{8}$$

Diese Bedingung bestimmt nun allerdings zusammen mit (6) die Lösung der Funktionalgleichung (4) eindeutig. Dazu formulieren wir folgenden

Satz: Die Entscheidungsinformation einer Nachricht $N \in A$, card (A) = a, ist H (N) = C (a).
Die Funktion $C: N_0 \to R$ ist durch die drei Relationen
(a) $C(a^n) = n \cdot C(a)$,
(b) $C(a) \leqq C(b), \; a \leqq b$,
(c) $C(2) = 1$,
eindeutig bestimmt. Es gilt $C(a) = \log_2(a)$.

Beweis: A. Rényi [14, S. 437 f.] folgend, bestimmen wir bei festem a zu jedem $n \in N$ eine Zahl $s(n) \in N$, so daß

$$2^{s(n)} \leqq a^n < 2^{s(n)+1} \tag{9}$$

gilt. Durch Logarithmieren und anschließende Division mit n erhält man

$$\frac{s(n)}{n} \leqq \log_2 a < \frac{s(n)+1}{n},$$

woraus

$$\lim_{n\to\infty} \frac{s(n)}{n} = \log_2 a \tag{10}$$

folgt. Andererseits folgt aus den Relationen (b) und (9) zunächst

$$C(2^{s(n)}) \leqq C(a^n) \leqq C(2^{s(n)+1}),$$

und aus der Relation (a) in Verbindung mit (c)

$$s(n) \leqq n \cdot C(a) \leqq s(n) + 1.$$

Nach Division durch n erhält man

$$\lim_{n \to \infty} \frac{s(n)}{n} = C\,(a),$$

woraus nach (10) die Behauptung des Satzes folgt. Man kann die Relationen (a), (b) und (c) als Axiome auffassen. Durch den bewiesenen Satz wird dann eine axiomatische Festlegung des Begriffs der Entscheidungsinformation H (N) einer Nachricht $N \in A$ geleistet.

Hartleys Beitrag zur Entwicklung der Informationstheorie ist so zu kennzeichnen:

Er hat die Erzeugung (Senden) bzw. den Verbrauch (Empfang) von Nachrichten N als Entscheidungsprozeß erfaßt, der die Bestimmung von N in der Nachrichtenmenge A^n, auch Nachrichtenrepertoire genannt, zum Ziel hat. Er hat versucht, für die in einem solchen Entscheidungsprozeß erzeugte oder verbrauchte Information, ein numerisches Maß, hier kombinatorische Entscheidungsinformation H (N) genannt, festzulegen. Seine Intention war, dieses Maß axiomatisch zu definieren. Durch Festlegung der Invarianzforderung (4) in Abschnitt 8.1.2 tat er dazu den wichtigsten Schritt. Intuitiv erschloß er bereits aus ihr das für die weitere Entwicklung sich als grundlegend erweisende Maß. Seinem Begriff des Entscheidungsprozesses fehlte noch die für die nachrichtentechnische Anwendung wichtige statistische Komponente. Diese wurde erst in den Arbeiten von A. Kolmogoroff [9], N. Wiener [21, 22] und C. E. Shannon [18], unabhängig voneinander eingeführt. Dies führt zum Begriff der statistischen Entscheidungsinformation. Die statistische Theorie der Entscheidungsinformation ist Gegenstand der sog. Informationstheorie. Durch diese, wie wir aus unserer Diskussion in Abschnitt 7.1.2 schon wissen, etwas zu allgemeine Bezeichnung ist gelegentlich die nicht erfüllbare Hoffnung genährt worden, daß diese Theorie auch das Problem der Messung der Information I (s. Abschnitt 7.1.2) löse. Zur kritischen Diskussion solcher Hoffnungen sei auf *Y. Bar-Hillel* [1, S. 275 ff.] verwiesen. Für eine andere axiomatische Fassung des Begriffs der Entscheidungsinformation sei auf *R. S. Ingarden* [7] verwiesen.

7.3 Historische Einschätzung des Hartleyschen Informationsbegriffs

7.3.1 Geistesgeschichtliche Argumentation

Die in Abschnitt 7.1 geschilderte nachrichtentechnische Motivation für die Entwicklung eines Informationsmaßes erfaßt nur das technische Oberflächenphänomen. Eine Einschätzung der historischen Bedeutung dieser Entwicklung verlangt eine an der gesellschaftlichen Basis dieses technisch-wissenschaftlichen Prozesses ansetzende Analyse.

Eine etwa als Alternative ins Auge gefaßte geistesgeschichtlich vorgehende Einschätzung könnte dagegen zunächst so argumentieren: Nachricht ist die Form von Information. Die Formbestimmtheit geistiger Prozesse hat zuerst *Aristoteles* durch die Entdeckung der formalen Logik erkannt [17, S. 3]. Bei *Leibniz* spitzt sich dann die Analyse geistiger Prozesse auf die These zu, daß „Geist wesentlich Form" ist (M. Bense [3, S. 74]). Bis schließlich *A. de Morgan* und *G. Boole* bemerkenswerterweise unabhängig von Leibniz [17, S. 56] einen Logikkalkül entwickeln, der die Grundlage der Formalisierung geistiger Prozesse bilden konnte. Die Formalisierung ermöglicht dann die Anwendung des ebenfalls formalen Zahlbegriffs. Für die Information bedeutet dies, daß sie meßbar wird, wenn ihre Formbestimmtheit erkannt wird. Dies ist geistesgeschichtlich gesehen die Erkenntnis Hartleys – eines Nachrichteningenieurs –. Was noch bleibt, ist, damit eine überraschende tendenzielle Koinzidenz von Geisteswissenschaft und Nachrichtentechnik zu konstatieren. Damit ist aber diese Alternativargumentation am Ende: Denn die Auflösung dieser Überraschung, d. h. gerade die Vermittlung dieser coincidentia oppositorum kann diese geisteswissenschaftliche Argumentation nicht leisten, weil sie ja selbst zur Opposition gehört.

7.3.2 Der ökonomische Begriff von Nachricht

Die Vermittlung kann nur vom gemeinsamen Träger, sowohl der technischen, wie der intellektuellen Prozesse geleistet werden. Dieser Träger ist die Gesellschaft in ihrem geschichtlich gewordenen Aufbau, der durch ihre Produktionsweise wesentlich bestimmt wird. Der Ansatz zur Vermittlung muß dieses gesellschaftlich-ökonomische Moment schon selbst einschließen. Deswegen gehen wir jetzt von einem ökonomischen Nachrichtenbegriff aus: Nachricht ist die Form von Kopfarbeit. Das Problem besteht jetzt darin, Nachricht nicht als Form von Geist, sondern als Form von Arbeit, nicht der manuellen, besonderen, sondern der intellektuellen, allgemeinen, historisch abzuleiten. Wir gehen davon aus, daß Arbeit prinzipiell Einheit von intellektueller und manueller Anstrengung ist. Das Problem kann deshalb auch so verallgemeinert werden, daß man fragt, wie die Kopfarbeit als halbierte Arbeit ihre Formbestimmung als Nachricht erfährt in eben diesem Prozeß der Halbierung der Arbeit, der ja auch eine Halbierung der Gesellschaft nach Kopf- und Handarbeiter beinhaltet.

Den Schlüssel zur Beantwortung dieser allgemeinen Fragestellung hat *A. Sohn-Rethel* [19] gefunden. Er leitet in seiner Analyse die Denkformen ab als historisch gewordene Formen der Reflexion auf den Tauschprozeß in der Warengesellschaft. Denken ist danach nicht eine individuelle Leistung des auf sich selbst gestellten Menschenkopfes, sondern von vornherein eine kollektive, die historisch sich mit der wachsenden Vergesellschaftung des Menschen entwickelt. Denken ist also von Anfang an vergesellschaftetes Denken. Als Wissenschaft wird es auf den Produktionsprozeß erst anwendbar, wenn dieser selbst einen hinreichend hohen Vergesellschaftungsgrad erreicht hat und so formgleich mit dem Denken wird.

Die Warengesellschaft beginnt mit der Trennung von Produzent und Konsument. Die Arbeit zerfällt dadurch in Produktion und Verkehr. Diese erste grobe Abspaltung der Verkehrsform läßt die Klasse der Kaufleute entstehen, welche die „Verkehrung" der Besitzverhältnisse besorgen. Naturwüchsig entwickelt die Verkehrsform für sich von Anfang an die benötigten Kommunikationssysteme [16], die in der frühen Zeit ausschließlich gesellschaftlichen Zwecken dienen. Völkerkundler *K. Weule* [24, S. 9] sagt auf seine Art treffend: „. . . vergessen wir, daß unser ganzes Kulturleben von einem wohldurchdachten und sinnreichen Signalsystem durchsetzt wird, vom einfachen Pfiff an, über das Signalwesen der Verkehrsmittel, sowie des Heeres und der Marine hinauf bis zur drahtlosen Telegraphie."

In der obigen Formulierung von Weule taucht der Signalbegriff auf. Es erscheint deswegen zweckmäßig an dieser Stelle den Zusammenhang dieses Begriffs mit dem technischen Begriff der Nachricht und dem Begriff der Information, wie sie in Abschnitt 7.1.2 eingeführt wurden, vom Standpunkt der Kybernetik zu klären. *G. Klaus* [8, S. 288] folgend, verstehen wir unter einem Signal den Zustand eines materiellen Systems. In der Klasse der Signale x_1 $x_2, \ldots$ ist eine effektiv realisierbare Relation R_s = „x_1 ist gleichgestaltig mit x_2" definiert. Von R_s wird in der Signalklasse eine Klasseneinteilung gestiftet in Klassen gleichgestaltiger Signale. Von diesen Klassen abstrahiert man den Begriff der Zeichengestalt oder des Symbols. An Stelle von Zeichengestalt sagt man auch Nachricht. In der Klasse der Nachrichten N_1, $N_2, \ldots$ ist wieder eine effektiv realisierbare zweistellige Relation R_N = „N_1 ist gleichbedeutend mit N_2" definiert. Durch den entsprechenden Abstraktionsprozeß wie bei R_s bekommt man jetzt den Begriff der Information als Klasse gleichbedeutender Nachrichten. Der Begriff der Verkehrsform bezeichnet dann die konkrete Einheit in der das sinnliche Signal und seine abstrakten Bestimmungen als Nachricht und Information gleichzeitig mit deren ökonomischen, militärischen, usw. Funktionen, die K. Weule ja auch alle in seinem Satz so schön vereint anklingen läßt, diskutiert werden können.

Je mehr sich durch Vergesellschaftung der Produktion die Verkehrsform entwickelt, entwickeln sich deren Signal-, Nachrichten- und Informationssysteme. Das Stadium, in dem die Vergesellschaftung der Handarbeit einen für das vergesellschaftete Denken relevanten Grad annimmt, wird in der industriellen Produktion gegen Ende des 19. Jahrhunderts erreicht. Der Prozeß der Arbeitsteilung wird von den amerikanischen Ingenieur *F. W. Taylor* (1856–1915) durch die endgültige, ökonomisch begründete Trennung von Hand- und Kopfarbeit perfekt. Der Taylorismus mündet folgerichtig in das Fließbandsystem des Fordismus, wo der letzte inhaltliche Bezug aus der menschlichen Arbeit eliminiert und diese bis in die einzelnen Handgriffe dem Gleichtakt der Maschinen angeglichen wird. Die auf das

Manuelle reduzierte Arbeit wird zum streng geregelten, gleichartig wiederholbaren äußerlichen Akt, sie ist reine Form, abstrakt. Damit zeigt diese Arbeitsform die Charakteristika der logischen Denkformen. Mit der abstrakt werdenden Arbeit wird von dieser auch die dem industriellen Arbeitsprozeß selbst noch verbliebene feinere Verkehrsform, wie besondere Geschicklichkeit im „Umgang" mit dem Arbeitsgegenstand, usw. noch weggenommen, weil alles Besondere in dem auf Gleichartigkeit und damit auf flexible Allgemeinheit ausgerichteten Arbeitsprozeß stört.

Konsequent wird im Taylorismus die Verwissenschaftlichung des Managements propagiert und in der Tat ist die Wissenschaft als Resultat vergesellschafteten Denkens wegen der Formangleichung der Handarbeit an die Kopfarbeit jetzt auch anwendbar. Das Management, der Stab der Kopfarbeiter, absorbiert völlig die Verkehrsform. In Zeit- und Bewegungsstudien wird die Tätigkeit des Arbeiters, losgelöst aus ihrem Zusammenhang mit der anderer, bis in ihre Atome analysiert. In Job-Karten werden die minütlich aufeinanderfolgenden Einzelverrichtungen vorgeschrieben. Man kann auch sagen, auf den Job-Karten sind die auszuführenden Teilarbeiten codiert. Die Job-Karte ist für den Bandarbeiter eine Nachricht, deren Zeichengestalten unmittelbar die Signale für seine Arbeitsbewegungen auslösen. Die Bewegungen des Bandarbeiters sind auf ein endliches Repertoire zusammengeschrumpft. Die Nachricht auf der Job-Karte steuert den Entscheidungsprozeß, in dem er diese Bewegungen auswählt.

Diese extern orientierte Nachrichtenproduktion ist die eine Aufgabe des Managements, die aus der Absorbierung der Verkehrsform folgt. Die andere ist die vom Gebrauchswert und Tauschwert bestimmte Produktauswahl. Diese Aufgabe erfordert Fingerspitzengefühl, schöpferische Aktivität usw. Das erforderliche Denken ist inhaltlicher Art. Es arbeitet mit Bedeutungen. Diese intern orientierte Informationsproduktion ist die andere Aufgabe des Managements. Die Nachricht, die das Management an den Bandarbeiter aussendet, ist die bloße Form ihrer Kopfarbeit. Für den Bandarbeiter ist diese aber ausreichend.

Diese ökonomische Analyse des Verhältnisses von Produktion und Verkehrsform hat sich zugleich als eine ökonomische Analyse des

Begriffs Nachricht erwiesen. Damit kann die historische Bedeutung der wissenschaftlichen Leistung von Hartley eingeschätzt werden.

Die Lösung des in Abschnitt 7.1.1 in technischen Begriffen ausgedrückten Problems von Hartley erscheint auf der technischen Oberfläche betrachtet als eine Theorie, die zunächst den Begriff der Nachricht als Form vom inhaltlichen Informationsbegriff abhebt, in dieser Form dann deren kombinatorische oder Entscheidungsstruktur entdeckt und dann zu einer ‚genialen' mathematischen überraschend vielseitig anwendbaren Antwort gelangt.
Vor unserer ökonomischen Analyse enthüllt sich das Hartleysche Problem als eines der Verkehrsform von Arbeit in einer tendenziell global werdenden Vergesellschaftung der Arbeit. Hartley löst sein Problem in den schon entwickelten Begriffen der am weitesten fortgeschrittenen industriellen Verkehrsform. Der in der industriellen Vergesellschaftung der Arbeit begriffene Zusammenhang von Produktion und Verkehrsform ist der oben analysierte von Nachricht und Information.

Die Mathematisierbarkeit dieser Begriffe vermittelt sich so, indem diese Begriffe dem lebendigen Arbeitszusammenhang des Fließbandes auf den Leib geschrieben sind, als kombinatorische Zusammensetzung und getaktete, also quantifizierte Prozessierung. Die vielseitige, ja universale Brauchbarkeit des Hartleyschen Ansatzes – siehe z. B. seine Anwendung auf die Untersuchung der Struktur sozialer Gruppen durch *F. von Cube* und *R. Gunzenhäuser* – verliert durch diese Analyse viel von ihrem Überraschungscharakter, weil der Anwendungsraum prinzipiell der globale der Vergesellschaftung ist. Daß diese fast universelle Brauchbarkeit des Hartleyschen Ansatzes, der dann von Shannon ausgebaut wurde, sich für einen Mathematiker eigentlich als etwas Überraschendes darstellen muß, hat übrigens *A. N. Kolmogoroff* [10, S. 98] ausdrücklich bemerkt. Er stellt dort nämlich klar:

„Nach der ursprünglichen Auffassung ist die „Information" keine skalare Größe. Die verschiedenen Formen können außerordentlich vielfältig sein. Man konnte erwarten, daß verschiedene Methoden zur Messung des „Betrages" an Information vorgeschlagen würden, aber es war nicht klar, ob unter diesen eine Methode existierte, die vor den anderen prinzipielle Vorzüge aufwies, und, was noch wichtiger ist, es war völlig unklar, ob qualitativ verschiedene Informationen, für die das eine oder andere vereinbarte quantitative Maß gleich ist, tatsächlich im Sinne der Schwierigkeit ihrer Übertragung durch einen Kanal oder ihrer Aufbewahrung in einer Speichervorrichtung äquivalent sind. Es zeigte sich, daß ein solches „richtiges", ausgezeichnetes Maß für die Information existiert . . .".

Literatur

[1] Bar-Hillel, Y.: Language und Information. Selected Essays on their theory and application. Reading, Palo Alto, London, Don Mills 1964.

[2] Bauer, F. L. und G. Goos: Informatik 1. Teil. Berlin, Heidelberg, New York 1971.

[3] Bense, M.: Konturen einer Geistesgeschichte der Mathematik. Hamburg 1948.

[4] Chintschin, A. J., D. K. Faddejew, A. N. Kolmogoroff, A. Rényi und J. Balatoni: Arbeiten zur Informationstheorie I. Berlin 1957.

[5] Cube, F. von und R. Gunzenhäuser: Über die Entropie von Gruppen. Hamburg 1963.

[6] Hartley, R. V. L.: Transmission of information. The Bell Systemtechnical Journal 7 (1928), 535–563.

[7] Ingarden, R. S.: Information theory and thermodynamics of light I. Foundations of informations theory. Fortschr. Physik *12* (1964), 567–594.

[8] Klaus, G.: Kybernetik und Erkenntnistheorie. Berlin 1972.

[9] Kolmogoroff, A. N.: Interpolation und Extrapolation von stationären zufälligen Folgen. Bull. Acad. Sci. UdSSR, Ser. Math. 5 (1942), 3–14;

[10] –: Theorie der Nachrichtenübermittlung. In: A. J. Chintschin, u. a. [4], 91–116;

[11] –: Three approaches to the quantitative definition of information. Problemy Peredachi Informatsii 1 (1965), 3–11.

[12] Mohr, C.: Normen und Begriffe der Nachrichtenverarbeitung. In: K. Steinbuch (Hrsg.) [18], S. 39–56.

[13] Nyquist, H.: Certain factours affecting telegraph speed. The Bell system technical Journal 3 (1924), 324–346.

[14] Rényi, A.: Wahrscheinlichkeitsrechnung. Berlin 1962.

[15] Roos, P.: Theoretisches und gesellschaftliches Interesse der Informatik. In: W. Dirlewanger u. a.: Einführung in Teilgebiete der Informatik I 9–24. Berlin, New York 1972.

[16] Schierholz, E.: Frühe Techniken der Informationsübertragung. Hausarbeit Univ. Stuttgart 1972.

[17] Scholz, H.: Abriß der Geschichte der Logik. Freiburg, München 1931 und 1959.

[18] Shannon, C. E. und W. Weaver: The Mathematical theory of communication. Urbana, Chicago, London 1949.

[19] Sohn-Rethel, A.: Geistige und körperliche Arbeit. Frankfurt 1970 und 1972.

[20] Steinbuch, K. (Hrsg.): Taschenbuch der Nachrichtenverarbeitung. Berlin, Heidelberg, New York 1967.

[21] Wiener, N.: Kybernetik. Düsseldorf, Wien 1963;

[22] –: The extrapolation, interpolation and smoothing of stationary time series. New York 1949;

[23] –: Mathematik – mein Leben. Düsseldorf, Wien 1962.

[24] Weule, K.: Vom Kerbstock zum Alphabet. Stuttgart 1915.

Stichwortverzeichnis

FSC
www.fsc.org
MIX
Papier | Fördert gute Waldnutzung
FSC® C083411

Kolibri 360 GmbH
Ferdinand-Jühlke-Straße 7
99095 Erfurt, Deutschland
produktsicherheit@kolibri360.de